Lösungen

Universum 9/10

Physik

Niedersachsen G9

Cornelsen

Wärmelehre 4

Energieübertragung 19

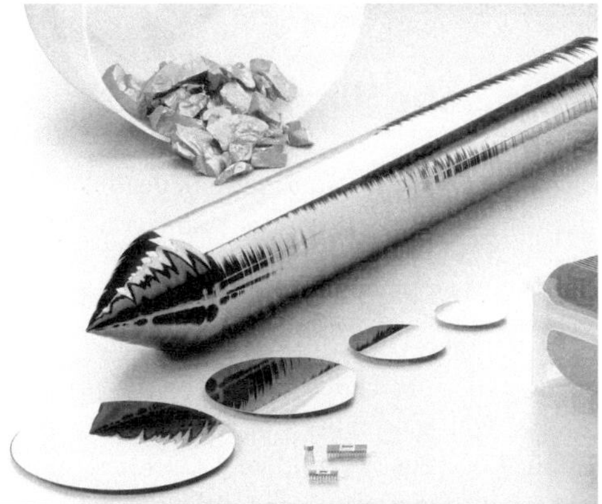

Bildquellenverzeichnis

Titelbild:
Agentur Focus/GUSTOIMAGES/SPL
Seite 2:
Eiswürfel: iStockphoto/Tomasz Tulik
Wirbelsturm: NASA
Fusionsreaktor: Corbis/Roger Ressmeyer
Seite 3:
Silicium-Kristall: Wacker Siltronic Burghausen
Turbine: Siemens AG

Wärmelehre

Didaktische Hinweise

Wärme und Druck sind grundlegend für Lebewesen: Unser Körper hält eine Temperatur von etwa 37 °C aufrecht. Unser Herz erzeugt einen pulsierenden Blutdruck von 8–18 kPa. Unser Atem wird durch Druckunterschiede von einigen Dutzend Pascal bewegt. Diese Vorgänge können wir physikalisch durch die Thermodynamik mithilfe von Zustandsgrößen wie Temperatur, Druck, Volumen und Energie erklären. Diese thermodynamische Erklärung deuten wir wiederum durch das grundlegendere Teilchenmodell. Auf eine solche zweistufige Erklärung zielt das Kerncurriculum, indem es beispielsweise die modellhafte Beschreibung des Gasdrucks als Zustandsgröße erwartet. Diesem Anspruch einer zweistufigen Erklärung werden wir durch einen sanft ansteigenden und umfassend angelegten Lernprozess gerecht:

Dabei gehen wir immer von vielfältigen lebensweltlichen Erfahrungen aus, entdecken daran spannende Zusammenhänge und vernetzen diese mit dem bisher Erkannten. So können die Lernenden schließlich ihre vielfältigen lebensweltlichen Erfahrungen zur Wärmelehre fundiert thermodynamisch erklären, auf Teilchenebene deuten und mithilfe der Leitidee Energie strukturieren.

Teilchenmodell und Druck

Das Kerncurriculum erwartet die modellhafte Erklärung des Gasdrucks als Zustandsgröße. Damit die Lernenden den Oberbegriff Zustandsgröße erfassen können, behandeln wir zwei Beispiele, die Temperatur und den Gasdruck. Damit die Lernenden sich modellhaft vorstellen können, wovon der Zustand beschrieben wird, behandeln wir das Gas erstens aus der Sicht der Lebenswelt am Beispiel der Phasenübergänge und zweites im Rahmen des Teilchenmodells. Das Teilchenmodell ergibt sich dabei nicht zwingend induktiv aus den Beobachtungen. Empirisch ist erwiesen, dass die Lernenden von selbst keine teilchenähnlichen Modelle entwickeln. Wenn das Teilchenmodell unreflektiert eingeführt wird, ergeben sich bei den Lernenden Fehlvorstellungen: So übertragen sie z. B. Eigenschaften aus der Alltagswelt (wie Farbe, Temperatur oder thermische Ausdehnung) auf die Modellebene.

So erkennen die Lernenden, dass der Gasdruck den Zustand vieler kleiner Teilchen modellhaft beschreibt. Damit die Lernenden den Gasdruck in die Leitidee Energie einordnen können, behandeln wir den Temperaturnullpunkt, an dem die Energie der klassischen Teilchenbewegung null wird. So entsteht eine sanfte umfassende Lernprogression, in der alle grundlegenden Fragen gestellt und beantwortet werden. Die lebensweltliche Erfahrung der Phasenübergänge wird durch das Teilchenmodell gedeutet. Dabei werden Größe, Art und die BROWN'sche Bewegung der Teilchen auf vielfältige Weise experimentell begründend geklärt. Die lebensweltlich bekannte Größe Temperatur wird durch die Teilchenbewegung gedeutet. So wird eine durch Versuche und Modelle fundierte Vorstellung einer ersten Zustandsgröße erzeugt. Vertiefend wird der Temperaturnullpunkt empirisch entdeckt und als Stillstand der klassischen Teilchenbewegung gedeutet. Die Untersuchung der Gase wird mit dem lebensweltlich bekannten Druck im Fahrradreifen fortgesetzt. Das Thema Druck wird durch die Behandlung von Messgeräten, des Drucks im Ohr, des Luftdrucks, des Vakuums und der sinnlich erfahrbaren Kraft, die das Gas auf den Kolben einer Pumpe ausübt, vielfältig und empirisch fundiert vernetzt. Diese Kraft wird durch das Abprallen der Teilchen am Kolben erklärt und somit durch das Teilchenmodell gedeutet. Dadurch können die Lernenden nun auch den Druck als eine Größe erklären, die den Zustand der vielen Teilchen des Gases beschreibt. Um der Untergeneralisierung beim isotrop wirkenden Druck vorzubeugen, wird der Druck in Flüssigkeiten behandelt. Dabei gehen wir wieder von lebensweltlichen Beispielen aus, begegnen dabei auch der Hydraulik, der isotropen Wirkung sowie dem Schweredruck und vernetzen dabei den Druck in Flüssigkeiten mit dem weitgehend strukturgleichen Druck in Gasen, wobei der Unterschied in der Kompressibilität deutlich hervorgehoben wird.

Druck und Kraft

Das Kerncurriculum erwartet die quantitative Behandlung der Definitionsgleichung des Drucks. Nachdem die Lernenden den Druck als Zustandsgröße erfasst und mikroskopisch gedeutet haben, erfahren sie die pragmatische Definition als Quotient aus Kraft und Fläche. Dabei gehen wir vom lebensweltlichen Beispiel des Aufpumpens eines Fahrradschlauchs aus und entdecken an Modellversuchen die Proportionalitäten des Drucks zur Kraft sowie des Drucks zur inversen Fläche. Durch Zusammenfassen der Proportionalitäten gewinnen die Lernenden die Definitionsgleichung für den Druck und erleben dabei einen umfassenden Erkenntnisgewinnungsprozess. Dadurch wird der Druck als Zustandsgröße vernetzt mit dem mechanischen Druckbegriff als Kraft pro Fläche. Auf der Grundlage dieser ersten Mathematisierung des Druckbegriffs können die Lernenden vielfältige lebensweltliche Situationen selbstständig auch quantitativ behandeln. Insbesondere können sie den Schweredruck in

Flüssigkeiten und Gasen berechnen. Darauf aufbauend können sie die fürs Schwimmen und Fliegen grundlegende Auftriebskraft erklären und anwenden.

Innere Energie

Das Kerncurriculum erwartet die Unterscheidung von Temperatur und innerer Energie sowie die energetische Behandlung von Phasenübergängen. Damit die Lernenden den Zustand eines Gases so weit erfassen können, dass sie die aus ihrer Lebenswelt bekannten Aktivitäten mit Gasen und Flüssigkeiten physikalisch erklären können, müssen die intensiven Zustandsgrößen Temperatur und Druck durch die extensiven Zustandsgrößen Energie, Masse oder Teilchenzahl oder Volumen ergänzt werden. Denn im Alltag hantiert man immer mit einer bestimmten Menge an Gas oder Flüssigkeit und man ändert deren Zustand oft durch Übertragen von Energie. Durch solche Energieübertragung lassen sich zudem Phasenübergänge hervorrufen. In diesem Abschnitt setzen die Lernenden also ihre Progression der beiden vorherigen Abschnitte fort und werden dadurch befähigt, ihre lebensweltlichen Aktionen mit den immer begrenzten Mengen von Gasen oder Flüssigkeiten intensiv und extensiv thermodynamisch zu erklären. Dazu haben wir einen sanft ansteigenden Lernprozess dargestellt:

Beim Erwärmen von Wasser entdecken die Lernenden die Proportionalitäten der zugeführten Energie zur Masse und zum Temperaturunterschied. Das Zusammenführen dieser Proportionalitäten führt zur Entdeckung der spezifischen Wärmekapazität von Wasser, mit der die Lernenden nun die thermische Energie berechnen können. Durch Erwärmen von Wasser in einem größeren Temperaturbereich entdecken die Lernenden, dass Wasser auch mikroskopisch Energie aufnehmen kann, ohne dass sich die Temperatur ändert. Stattdessen ändert das Wasser dabei den Aggregatzustand, es schmilzt oder verdampft. An dieser Stelle erkennen die Lernenden, das mikroskopisch nicht nur die thermische Energie der chaotischen Teilchenbewegung in einem Körper steckt, sondern gegebenenfalls auch die Energien der Phasenübergänge. Die Gesamtheit dieser mikroskopischen Energien nennt man innere Energie. Abrundend werden die spezifische Schmelzwärme und die spezifische Erstarrungswärme eingeführt und gemessen. Diese werden im Teilchenmodell als die Energien gedeutet, die zum Lösen des Zusammenhalts der Teilchen beim Schmelzen und beim Verdampfen zugeführt werden müssen. Am Beispiel der Druckabhängigkeit des Siedepunktes wird verdeutlicht, dass bei diesem Lösen des Zusammenhalts der Teilchen auch äußere Einflüsse eine Rolle spielen können. Auf dieser Grundlage aufbauend werden weitere lebensweltliche Beispiele sowie die Umkehrungen beim Kondensieren und Erstarren behandelt.

Experimentelle Hinweise

S. 13: Das Vermischen von Tinte und Wasser ist bei dem Versuchsaufbau (▹ Bild 06) nicht allein auf die Diffusion zurückzuführen. Deswegen wurde der Parfüm-Versuch (▹ Bild 05) vorgeschaltet. Alternativen wie das Unterschichten von Himbeersirup o. ä. unter Wasser dauern länger.

S. 15: Der sogenannte Ölfleck-Versuch geht auf LORD RAYLEIGH zurück (Proceedings of the Royal Society, XLVII., 1890, 364–367). Die von uns verwendete Variante weicht vom traditionellen Aufbau (Ölsäure in Lichtbenzin) ab, ist aber näher am Original (Öltropfen an dünnem Platindraht). Vor allem ist die Durchführung für die Schülerinnen und Schüler leichter zu durchschauen und kann als Heimexperiment aufgegeben werden. Für die Schülerinnen und Schüler ist es aufgrund ihrer Alltagserfahrung einsichtiger, dass bei Spülmittel die Teilchen nebeneinander liegen als bei Öl.

S. 24 f.: Wir verwenden hier Druckkraftmesser, um deutlich zu machen, dass der Druck von der Kraft abhängt und nicht (wie im traditionellen Aufbau wie auf S. 26) scheinbar von der aufgelegten Masse.

S. 32 ff.: Der Tauchsieder wird als Blackbox benutzt, d. h. die Leistungsaufnahme wird nicht verifiziert.

S. 37: Beim Fixiersalz lässt sich auch eindrucksvoll das Erstarren einer unterkühlten Flüssigkeit demonstrieren.

Seite 9 (Kannst du es noch?)

1 Eine Tischplatte scheint so fest zu sein, dass sie sich im Alltag nicht verformen lässt. Mit dem Versuchsaufbau im ▹Bild oben lassen sich auch kleine Verformungen der Tischplatte nachweisen.
a) Jemand drückt auf die Mitte der Tischplatte. Beschreibe, wie die V erformung der Tischplatte nun nachgewiesen werden kann.
b) Der Versuchsaufbau soll so verbessert werden, dass er möglichst kleine Verformungen nachweisen kann. Finde Verbesserungsmöglichkeiten. Erkläre jeweils, warum die Empfindlichkeit dadurch gesteigert wird.

a) Wenn jemand auf die Mitte der Tischplatte drückt, dann wird sie ein winziges Stück nach unten durchgebogen. Der linke Teil der Tischplatte bekommt eine leichte Neigung. Dadurch wird auch der Laserpointer ein wenig nach rechts geneigt. Aber ebenso bekommt auch der rechte Teil des Tisches eine Neigung, sodass auch der Spiegel ein wenig nach links geneigt wird. Dadurch wandert das reflektierte Lichtbündel etwas nach unten.

b) Beispielsweise könnte man den Lichtweg dadurch verlängern, dass man das Licht zwischen zwei Spiegeln an den Tischkanten mehrfach hin und her reflektieren lässt.

Man könnte das reflektierte Laserbündel auf einer weit entfernten Wand auffangen.

2 Tanjas Augentropfen sind vier W ochen haltbar. Sie braucht jeden Tag sechs Tropfen. Sie stellt fest, dass 25 Tropfen ein Volumen von 1,25 cm 3 haben. Die Flasche enthält insgesamt 10 mℓ.
Stelle fest, ob die Tropfen vor Ablauf der Haltbarkeitsdauer verbraucht sind.

Wir berechnen zunächst die Anzahl der Tropfen in der Flasche. $10\,\text{m}\ell = 10\,\text{cm}^3$, $12{,}5\,\text{m}^3$ enthalten 25 Tropfen:

$$\frac{10\,\text{cm}^3}{1{,}25\,\text{cm}^3} \cdot 25\,\text{Tropfen} = 200\,\text{Tropfen.}$$

Jetzt ermitteln wir die Anzahl der Tage:

$$\frac{200\,\text{Tropfen}}{6\,\text{Tropfen/Tag}} = 33{,}3\,\text{Tage.}$$

Die Tropfen sind 4 Wochen, also 28 Tage haltbar. Das heißt, die Tropfen sind nicht vor Ablauf dieser Zeit verbraucht.

3 Auf der Erde ist der Ortsfaktor nicht überall gleich (▹Tabelle 03). Eine Personenwaage zeigt deshalb nicht an jedem Ort die gleiche Masse an.
a) Gib an, wo auf der Erde du am wenigsten wiegst, bzw. wo am meisten?
b) Gib an, wie genau eine Personenwaage messen muss, um diesen Unterschied festzustellen?

a) Die Personenwaage misst eigentlich die Schwerkraft. Man wiegt daher dort am wenigsten, wo der Ortsfaktor *g* am kleinsten ist. Das ist am Äquator der Fall. Am meisten wiegt man dort, wo *g* am größten ist, also am Nord- und Südpol.

b) Die Masse einer Person sei 48,0 kg.

Dann gilt am Äquator: $F = 48{,}0\,\text{kg} \cdot 9{,}78\,\frac{\text{N}}{\text{kg}} = 469\,\text{N}$

und am Nordpol: $F = 48{,}0\,\text{kg} \cdot 9{,}83\,\frac{\text{N}}{\text{kg}} = 472\,\text{N}$.

Die Waage müsste also auf 3 N genau anzeigen. Das entspricht in Mitteleuropa einer Masse von etwa 0,3 kg.

4 ▹Bild 03 zeigt, wie sich der Ortsfaktor mit der Entfernung zum Erdmittelpunkt ändert. Als Einheit für die Entfernung dient der Radius der Erde (R = 6370 km).
Boris sagt: „Die ISS schwebt so weit über dem Erdboden, dass der Ortsfaktor praktisch null ist. Deswegen ist man dort schwerelos.“
Nimm Stellung.

Die ISS umkreist die Erde in einer Höhe von 350 km über dem Erdboden. Das ist nur etwa 1/20 mehr als der Erdradius. Der Ortsfaktor ist daher kaum kleiner als am Erdboden (8,8 N/kg im Vergleich zu 9,8 N/kg). In der ISS ist man schwerelos, weil nur die Schwerkraft auf einen Körper ausgeübt wird.

5 a) Zeichne die vier Kräftepaare aus ▹Bild 04 in dein Heft und ergänze die resultierenden Kräfte. Beschreibe, wie du vorgehst.
b) Bestimme die Beträge der vier resultierenden Kräfte (1 Kästchen ≙ 3 N).

a)

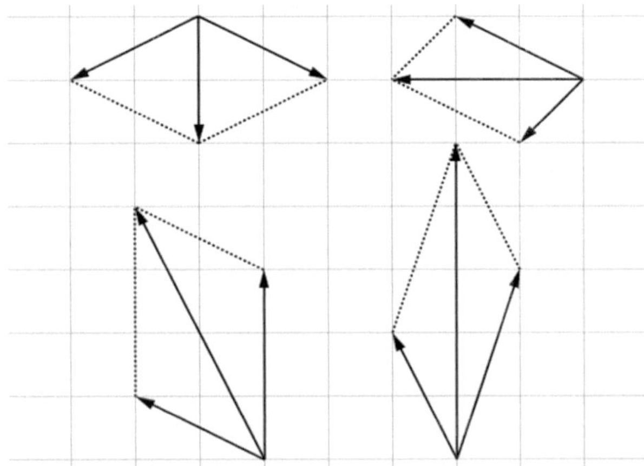

Man zeichnet durch die Pfeilspitzen jeweils eine zu den Pfeilen parallele Linie. Dort, wo sich die Linien schneiden, ist die Spitze des Pfeils für die resultierende Kraft. Die drei Kraftpfeile haben einen gemeinsamen Angriffspunkt.

b)
Resultierende Kraft links oben: 13,4 N
Resultierende Kraft rechts oben: 6 N
Resultierende Kraft links unten: 15 N
Resultierende Kraft rechts unten: 9 N

6 a) Ein Massestück liegt auf einem Tisch (▹Bild 05). Jemand sagt: „Das Massestück bewegt sich ja nicht. Also werden keine Kräfte darauf ausgeübt.“ Nimm Stellung.
b) Auf das Massestück wird die Schwerkraft $\vec{F}$ ausgeübt. Nach dem Wechselwirkungsgesetz muss es einen Körper geben, der die Kraft $-\vec{F}$ auf das Massestück ausübt. Erläutere.

a) Die Tatsache, dass das Massestück ruht, heißt nicht automatisch, dass keine Kräfte auf das Massestück ausgeübt werden. Auf das Massestück wirkt die Schwerkraft nach unten. Dadurch wird die Tischplatte etwas verformt. Es ergibt sich daraus eine Rückstellkraft auf das Massestück nach oben. Beide Kräfte sind im Kräftegleichgewicht.

b) Das Wechselwirkungsgesetz lautet: Wenn ein Körper A eine Kraft auf einen Körper B ausübt, dann übt gleichzeitig der Körper B eine gleich große entgegengesetzt gerichtete Kraft auf Körper A aus: Nach dem Wechselwirkungsgesetz gibt es also eine Kraft $-\vec{F}$. Diese wird aber nicht auf das Massestück ausgeübt. Das Massestück übt diese Kraft auf die Erde aus.

7 Im Alltag spricht man oft von „Energieerzeugung“, „Energieverbrauch“ und „Energiesparen“. Erkläre, was damit aus physikalischer Sicht gemeint ist.

„Energieerzeugung“: Energie kann nicht entstehen. Man meint damit die Bereitstellung von Energie, meistens von elektrisch übertragener Energie durch Kraftwerke. Dazu muss dem Kraftwerk Energie zugeführt werden, z. B. durch Wind, Sonnenlicht, fließendes Wasser oder durch Brennstoffe wie Kohle, Erdgas und Erdöl.

„Energieverbrauch“: Energie kann nicht verschwinden. Man meint damit, dass Maschinen, Gebäude oder Fahrzeuge die zugeführte Energie letztlich als thermische Energie an die Umgebung abgeben. Die abgegebene Energie kann für den ursprünglichen Zweck nicht wieder eingesetzt werden. Man sagt, sie ist entwertet.

„Energiesparen“: Damit meint man, dass man weniger Energie einsetzt und damit letztlich in thermische Energie umwandelt.

8 Mit einem Tauchsieder wird Tee von 20 °C auf 50 °C erwärmt. Für eine Tasse mit 150 mℓ benötigt er 20 s, für eine Kanne mit 750 mℓ dagegen 100 s.
a) Gib an, ob der Tee in der Tasse oder in der Kanne mehr Energie enthält. Begründe.
b) Zeichne ein Energieflussdiagramm.
c) Eine Tasse mit 300 mℓ Tee wird von 20 °C auf 35 °C erhitzt. Vermute, in welcher Tasse – 150 mℓ oder 300 mℓ – mehr Energie gespeichert ist. Begründe.

a) Der Tee in der Tasse hat die gleiche Temperatur wie der Tee in der Kanne. Der Tauchsieder musste dem Tee in der Kanne aber fünfmal so lange Energie zuführen wie dem Tee in der Tasse. Die Leistung des Tauchsieders ist in beiden Fällen gleich. Deshalb enthält der Tee in der Kanne mehr Energie als der Tee in der Tasse.

b)

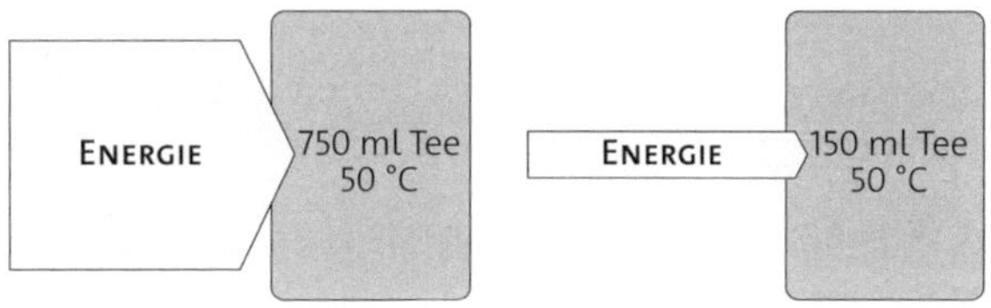

c) In der Tasse mit 300 mℓ ist mehr Energie gespeichert. Zu Beginn hat der Tee in beiden Tassen die gleiche Temperatur von 20 °C. In der großen Tasse ist mehr Tee enthalten, also ist auch der Energiegehalt größer. Beim Erhitzen von 20 °C auf 35 °C bzw. 55 °C wird dem Tee in beiden Tassen die gleiche Energiemenge zugeführt (doppelte Menge, halber Temperaturunterschied). Das heißt, in der großen Tasse ist immer noch mehr Energie gespeichert als in der kleinen.

1 Teilchenmodell und Druck

Das Teilchenmodell

Seite 11

1 Vergleiche und erkläre die unterschiedlichen Dichten von Festkörpern, Flüssigkeiten und Gasen.

Die Dichten von Festkörpern (Fk), Flüssigkeiten (Fl) und Gasen kann man wie folgt anordnen:

$\rho_{Fk} > \rho_{Fl} >> \rho_{Gas}$.

Das lässt sich mithilfe des Teilchenmodells erklären:

In einem Festkörper liegen die Teilchen eng beieinander und haften fest aneinander. Dies bedeutet eine relativ große Dichte.

In einer Flüssigkeit befinden sich die Teilchen ebenfalls eng beieinander. Sie sind aber gegeneinander verschiebbar. Daraus resultiert eine im Allgemeinen etwas kleinere Dichte. Es gibt aber auch Flüssigkeiten, die eine sehr große Dichte haben, z. B. Quecksilber.

In einem Gas haben die Teilchen große Abstände untereinander ohne jeden Zusammenhalt. Deshalb ist die

Dichte von Gasen viel geringer als bei Festkörpern und Flüssigkeiten.

Seite 13

1 Wenn man Käse neben einem Stück Sahnetorte im Kühlschrank stehen lässt, dann schmeckt die Torte bald nach Käse. Erkläre mit dem Teilchenmodell.
Käse enthält Duftstoffe. Die Teilchen des Duftstoffs und die Luftteilchen vermischen sich durch ihre ständige Bewegung. Nach und nach verteilen sich die Teilchen des Duftstoffs im ganzen Kühlschrank. Ein Teil davon bleibt aber auch an der Torte haften, sodass sie nach einer Weile den Käsegeschmack annimmt.

Seite 14

1 Die Probe zum Diagramm im ▹Bild 03 hat bei einer Temperatur von 280 K den elektrischen Widerstand 11,5 Ω. Bestimme den Widerstand für 140 K
280 K entsprechen 11,5 Ω. 140 K ist die Hälfte von 280 K. Wegen des linearen Zusammenhangs entsprechen 140 K einem Widerstand von $0{,}5 \cdot 11{,}5\ \Omega = 5{,}75\ \Omega$.

Seite 15 (Material)

Versuche – Wie groß sind die Teilchen? – Eine Abschätzung

V1 Wie groß sind Gummibärchen?
–

V2 Spülmittelflecken
–

Material A – Aggregatzustände und Teilchenmodell

A1 a) Wenn du einen Luftballon aufpustest, dann verteilt sich die Luft überall im Ballon. Jedes Gas füllt den ihm zur Verfügung stehenden Raum ganz aus. Erkläre mit dem Teilchenmodell.
b) Flüssigkeiten und Festkörper verhalten sich hier anders als Gase: Wenn man Wasser oder Eiswürfel in ein Trinkglas gibt, sieht man dies deutlich. Erkläre mit dem Teilchenmodell.
a) In Gasen gibt es keinen Zusammenhalt zwischen den Teilchen. Sie befinden sich in großem Abstand voneinander und sie bewegen sich ungeordnet hin und her. Deshalb füllen sie schon nach kurzer Zeit den Raum, den man ihnen zur Verfügung stellt, vollständig aus.
b) Wenn man ein Trinkglas zur Hälfte mit Wasser füllt, dann bildet das Wasser zwar immer eine ebene Oberfläche, aber es füllt das Glas nicht vollständig. Wenn man Eiswürfel in ein Trinkglas gibt, dann bildet sich nicht einmal eine ebene Oberfläche. Außerdem entstehen luftgefüllte Zwischenräume zwischen den Eiswürfeln.

A2 a) Früher hatten Fahrräder Reifen, die vollständig aus Gummi waren. Heutzutage sind die Reifen mit Luft gefüllt. Für den Federungskomfort sind Luftreifen besser. Erkläre mit dem Teilchenmodell.
b) Erkläre, warum es nicht sinnvoll ist, die Reifen mit einer Flüssigkeit zu füllen.
a) Im Gummi liegen die Teilchen eng beieinander und haben einen starken Zusammenhalt. Deshalb kann man den Gummireifen kaum eindrücken. Das heißt, der Reifen federt nicht. Beim luftgefüllten Reifen haben die Teilchen der Luft großen Abstand voneinander ohne jeden Zusammenhalt. Der Reifen lässt sich leicht zusammendrücken. Die Verformung geht genauso leicht wieder zurück.
b) Wenn man den Reifen mit einer Flüssigkeit füllen würde, dann wäre der Federungskomfort ebenfalls schlecht. die Teilchen in einer Flüssigkeit sind zwar verschiebbar. Aber wenn der Raum, in den sie ausweichen, begrenzt ist wie der Reifen, dann sind die Ausweichmöglichkeiten sehr gering. Die Teilchen geben nicht mehr nach.

Druck in Gasen

Seite 17

1 Kondensmilch wird auch in Dosen verkauft. Erkläre, warum es für das Ausgießen gut ist, zwei Löcher in die Dose zu stechen.
Es ist üblich, in Kondensmilchdosen nur kleine Löcher zu stechen. Beim Ausgießen strömt damit nur die Flüssigkeit durch das Loch hinaus. Das Flüssigkeitsvolumen nimmt ab, das Volumen der verbleibenden Luft nimmt gleichermaßen zu. Wenn kein zweites Loch vorhanden ist, dann kann keine Luft nachströmen. Es entsteht in der Dose ein Unterdruck. Nach einiger Zeit jedoch wird der Luftdruck in der Dose soweit absinken, dass die Kondensmilch nicht mehr gegen den äußeren Luftdruck aus der Dose fließen kann. Ein zweites Loch schafft Abhilfe, indem es für einen ständigen Druckausgleich zwischen äußerem Luftdruck und dem Druck der in der Dose eingeschlossenen Luft sorgt.

Seite 18

1 Auf einer Bergwanderung wird nach der Gipfelrast eine leere Plastikflasche fest verschlossen. Beschreibe, was mit dieser Flasche beim Abstieg geschieht.
Sieht man von lokalen Luftdruckschwankungen ab, gilt, dass der Luftdruck mit zunehmender Höhe geringer wird. Auf einem Gipfel herrscht also niedrigerer Druck als im Tal. Wenn man auf dem Gipfel eine leere Plastikflasche verschließt, dann steht die in der Flasche eingeschlossene Luft unter diesem Druck. Wandert man dann mit der

verschlossenen Flasche talwärts, dann entsteht ein zunehmender Druckunterschied zwischen dem Flascheninneren und dem äußeren Luftdruck, der schließlich die Flasche eindrücken wird. Wenn der Kunststoff einigermaßen elastisch ist, dann kann man beim Öffnen der Flasche ein Zischen – das Hineinströmen von Luft – hören.

2 a) Erkläre mithilfe des Teilchenmodells, warum sich ein voll aufgepumpter Reifen hart anfühlt.
b) Erläutere, weshalb sich auch eine Vakuumverpackong hart anfühlt, obwohl fast keine Luft mehr darin ist.

a) Je mehr ein Reifen aufgepumpt wird, desto mehr Teilchen – Moleküle der Luft – befinden sich bei nahezu unverändertem Volumen im Reifen. Damit ereignen sich auch desto mehr Zusammenstöße der Teilchen untereinander sowie zwischen den Teilchen und der Reifeninnenwand. Die größere Häufigkeit dieser Zusammenstöße nehmen wir als größeren Druck wahr.

b) In einer Vakuumverpackung ist ein Rest von Luft enthalten, deren Druck viel geringer ist als der äußere Luftdruck. Die Verpackung wird deshalb von der äußeren Luft stark zusammengepresst. Damit wird auch der Verpackungsinhalt – z. B. Kaffeebohnen – zusammengepresst. Die Kaffeebohnen liegen eng aneinander und lassen sich nicht verschieben. Die Packung fühlt sich dann sehr hart an.

Seite 19 (Material)

Versuche – Zum Luftdruck

V1 Verkehrte Welt?

Auf die „Wassersäule" im Glas und auf die Postkarte wirkt die Schwerkraft. Wenn sich nun diese „Wassersäule" im Glas nach unten bewegen würde, ohne dass Luft nachströmen kann, dann entstünde oberhalb des Wassers ein Bereich mit extrem geringem Druck. Der wesentlich größere äußere Luftdruck presst also die Postkarte an das Glas und damit die Wassersäule in das Glas hinein.

Hinweis: Die Postkarte ist notwendig, weil sich sonst die untere Wasseroberfläche so in ihrer Form ändern würde, dass Luft in das Glas hineinströmen und damit das Wasser vollständig aus dem Glas fließen könnte.

V2 Ein einfaches Luftdruckmessgerät

–

Material A – Überraschung beim Abwasch

A1 Gib eine physikalische Erklärung dafür, warum das Wasser nicht aus dem Glas „will".

Im Wasser des Spülbeckens herrscht ein Druck, der sich aus dem Schweredruck des Wassers und dem Druck der auf dem Wasser „lastenden" Luft zusammensetzt.

Wenn man ein Glas mit der Öffnung nach unten aus dem Wasser zieht, dann kann das darin befindliche Wasser nur sehr geringfügig nach unten ablaufen, weil keine Luft nachströmen kann. Über dem Wasser im Glas entsteht dann ein Bereich, in dem ein so geringer Druck herrscht, dass der Druck im Spülbecken das Wasser im Glas entgegen der Schwerkraft in das Glas hinein presst.

A2 Formuliere eine Vermutung, was geschieht, wenn Sarah und Jasin versuchen, das Wasser aus dem Glas zu saugen.

Beim Versuch, das Wasser aus dem Glas zu saugen, wird der Druck im Spülbecken Wasser zurück ins Glas pressen.

Etwas anderes geschieht, wenn man Luft durch den Strohhalm ins Glas bläst. Dadurch lässt sich der Druck über dem Wasser im Glas so weit erhöhen, dass das Wasser aus dem Glas gepresst wird.

A3 Überprüfe deine Vermutung selbst in einem Versuch.

Bestätigung oder Widerlegung der Vermutung.

Material B – Magdeburger Halbkugeln

B1 Erkläre diesen erstaunlichen Versuch.

Der normale Luftdruck außerhalb der Halbkugeln ist wesentlich größer als der Innendruck der Luft in den fast leer gepumpten Halbkugeln. Der äußere Luftdruck presst die Halbkugeln somit fest gegeneinander.

Ein Dichtungsring aus gefettetem Leder verhindert das Nachströmen von Außenluft. Die Halbkugeln bleiben so lange aneinander gepresst, bis das Ventil geöffnet wird und Luft von außen nach innen strömt.

B2 Du hast eine Modellvorstellung zur Erklärung des Luftdrucks kennen gelernt. Eine Aussage ist dabei, dass auf Luft Schwerkraft ausgeübt wird. Beschreibe, wie man in einem Versuch zeigen könnte, dass Luft etwas wiegt.

Ein Kubikmeter Luft hat bei Normaldruck die Masse 1,29 kg! Einen Nachweis, dass Luft eine Masse hat, kann man experimentell mit sehr einfachen Mitteln führen. Auf die eine Seite einer Balkenwaage mit hinreichender Genauigkeit legt man einen schlaffen Fußball. Mit einer passenden Masse auf der anderen Seite wird ein Gleichgewicht hergestellt. Hierfür sind z. B. Kieselsteinchen verschiedener Körnung gut geeignet. Anschließend pumpt man den Ball straff auf und vergleicht ihn erneut mit der zuvor ermittelten Menge der Kieselsteine. Die Waagschale mit dem aufgepumpten Ball senkt sich jetzt nach unten.

Druck in Flüssigkeiten

Seite 21

1 Bestimme den Schweredruck des Wassers an der tiefsten Stelle des Pazifiks, dem Marianengraben, bei ca. 11 000 m Tiefe.

Mithilfe der sogenannten „Taucherregel“ (der Schweredruck nimmt mit jedem Meter Wassertiefe um 0,1 bar zu) lässt sich die Aufgabe einfach berechnen: Bis in 11 000 m Tiefe nimmt der Schweredruck 11 000-mal um 0,1 bar zu. Also beträgt der Schweredruck des Wassers in dieser Tiefe 1100 bar.

Genau genommen kommt zum Schweredruck des Wassers am Meeresgrund auch noch der Luftdruck von etwa 1 bar hinzu. Aber das spielt bei diesem hohen Druck kaum eine Rolle.

Seite 22

1 Erkläre mithilfe des Teilchenmodells, dass sich Flüssigkeiten nicht wie Gase zusammenpressen lassen.

Die Teilchen einer Flüssigkeit sind zwar leicht gegeneinander verschiebbar, aber dennoch befinden sie sich sehr nahe beieinander. Diese Teilchenabstände lassen sich kaum mehr verringern. Deshalb können Flüssigkeiten nicht zusammengepresst werden.

Im Vergleich dazu bestehen Gase aus sich bewegenden Teilchen, die große Abstände voneinander haben. Diese Teilchenabstände können z. B. in einer verschlossenen Luftpumpe noch verringert werden – die Luft wird dann zusammengepresst.

2 Trainierte Menschen können ohne Hilfsmittel eine Wassertiefe von 30 m erreichen. Bestimme den Druck in dieser Tiefe.

Hier hilft erneut die „Taucherregel“ (der Schweredruck nimmt mit jedem Meter Wassertiefe um 0,1 bar zu). Bis in 30 m Tiefe nimmt der Schweredruck 30-mal um 0,1 bar zu. Damit beträgt der Schweredruck des Wassers 3 bar. Allerdings muss jetzt der Luftdruck berücksichtigt werden. Der Druck in 30 m Wassertiefe ergibt sich aus dem Schweredruck des Wassers und dem Luftdruck von ca. 1 bar. Insgesamt beträgt der Druck somit 4 bar.

3 Stelle eine Vermutung auf, wie in der Tiefsee lebende Tiere den extremen Schweredruck aushalten können.

Uns Menschen kann schon eine Tiefe von wenigen Metern unangenehm werden. Doch selbst in den tiefsten Meeresgräben – bei einer Tiefe von mehr als 10 000 m – gibt es Leben. Der „Trick“ zum Überleben ist, dass diese in der Tiefsee lebenden Tiere selbst zu einem sehr hohen Anteil aus Wasser bestehen (z. B. Quallen zu 98 %). Insbesondere haben sie in ihren Körpern keine gasgefüllten Hohlräume wie Gehörgänge, Hohlknochen, Lungen oder Schwimmblasen. Da sich Wasser selbst auch unter hohem Druck kaum zusammenpressen lässt, kann der extreme Schweredruck in der Tiefsee diesen Tieren also nichts anhaben.

Seite 23 (Material)

Versuche – Zum Schweredruck in Flüssigkeiten

V1 Schweredruck sichtbar machen

Man kann beobachten, dass die Reichweite der Wasserstrahlen unterschiedlich ist. An der unteren Öffnung ist sie am größten und an der oberen Öffnung am geringsten. Außerdem wird während des Auslaufens des Wassers die Reichweite an allen Öffnungen geringer.

Die Reichweite eines Wasserstrahls hängt von dem Schweredruck des Wassers an der Stelle der Öffnung ab. An der unteren Öffnung ist der Schweredruck am größten. Deshalb erreicht der an dieser Stelle austretende Wasserstrahl die größte Weite. Im Verlauf des Versuchs sinkt der Wasserpegel und damit der Schweredruck an den Öffnungen. Damit geht auch die Reichweite zurück.

Hinweis: Die Reichweiten der Wasserstrahlen hängen natürlich von der Höhe der jeweiligen Öffnung über der Auftreffstelle des Wassers ab. Die Formen der Wasserstrahlen bilden dabei recht gut die Bahnkurven von waagerechten Würfen mit unterschiedlichen Abwurfhöhen nach. Prinzipiell würde man das Versuchsergebnis also auch mit nur einem Loch knapp über dem Flaschenboden demonstrieren können, wenn man die Reichweite in Abhängigkeit vom Füllstand beobachtet.

V2 Der Schweredruck wirkt in alle Richtungen gleich

Die Scheibe wird ab einer Tiefe von ca. 10 cm vom Schweredruck des Wassers so an das Rohr gepresst, dass man den Faden loslassen kann. In geringerer Tiefe ist der Schweredruck geringer und das Anpressen der Scheibe an das Rohr ist nicht ausreichend. Die Scheibe würde wegen der auf sie wirkenden Schwerkraft im Wasser nach unten sinken.

Ab welcher Tiefe die Scheibe von selbst hält, hängt von ihrer Masse ab. Wenn diese z. B. bei einer dickeren Scheibe größer ist, dann muss das Rohr tiefer in das Wasser eintauchen. In größerer Tiefe ist der Schweredruck des Wassers größer, sodass das Anpressen der Scheibe ausreicht.

Material A – Druck im Stausee

A1 Beurteile Jasins Argument.

Jasins Argument ist falsch. Der Schweredruck in einer Flüssigkeit, also auch im Wasser des Stausees, nimmt mit der Tiefe zu. In gleicher Tiefe ist der Schweredruck überall gleich. Deshalb spielen die Breite des Sees und die Gesamtmenge des Wassers keine Rolle.

Material B – Kleine Ursache – große Wirkung

B1 Erkläre, warum der Versuch gelang.
Für das Sprengen des Weinfasses ist ein bestimmter Druck der Flüssigkeit in diesem Fass notwendig. Der Schweredruck in einem vollständig gefüllten Fass sollte auch bei aufgerichtetem Fass dafür noch nicht ausreichen. Der Schweredruck lässt sich jedoch noch erhöhen, wenn die Höhe der Flüssigkeitssäule zunimmt. Weil der Schweredruck nur von der Höhe abhängt, reicht es aus, die Flüssigkeitssäule mithilfe einer relativ dünnen Rohr- oder Schlauchleitung zu erhöhen. Auch mit wenigen Weingläsern lässt sich die Flüssigkeitssäule in einem schlanken Rohr schnell erhöhen, sodass PASCAL den zum Sprengen des Fasses erforderlichen Druck eben mithilfe weniger Gläser erreichen konnte.

2 Druck und Kraft

Eine Gleichung für den Druck

Seite 25

1 Durch die Verbrennung von Benzin entstehen in den Zylindern eines Automotors heiße Gase mit einem Druck von etwa 50 bar. Die heißen Gase treiben die Kolben an (▹Bild 06).
a) Gib den Druck in der Einheit Pa an.
b) Der Durchmesser eines Kolbens beträgt 80 mm. Berechne die Kraft auf den Kolben.

a) 50 bar = $50 \cdot 10^5$ Pa = $5{,}0 \cdot 10^6$ Pa
b) Gegeben: Durchmesser $d = 80$ mm = 0,080 m, $p = 5{,}0 \cdot 10^6$ Pa
Gesucht: Kraft F
$F = p \cdot A = p \cdot (d/2)^2 \cdot \pi$
$F = 5{,}0 \cdot 10^6\,\text{Pa} \cdot (0{,}040\,\text{m})^2 \cdot \pi = 25\,\text{kN}$
Die Kraft auf den Kolben beträgt 25 kN.

Seite 26

1 Mit einer hydraulischen Presse wird ein Auto der Masse 1200 kg angehoben. Die Fläche A_2 beträgt 0,5 m², die Fläche A_1 beträgt 0,025 m². Berechne die Kraft, die mindestens auf A_1 wirken muss.
Gegeben: Masse $m = 1200$ kg, Fläche $A_2 = 0{,}5\,\text{m}^2$, Fläche $A_1 = 0{,}025\,\text{m}^2$
Gesucht: Kraft F_1 auf die Fläche A_1
Berechnung der auf das Auto wirkenden Schwerkraft.
$F_2 = m \cdot g = 1200\,\text{kg} \cdot 9{,}8\,\text{N/kg} = 11{,}8\,\text{kN}$.

Wegen $p_1 = p_2$ gilt $\frac{F_1}{A_1} = \frac{F_2}{A_2}$ und damit

$$F_1 = A_1 \cdot \frac{F_2}{A_2} = 0{,}025\,\text{m}^2 \cdot \frac{11\,800\,\text{N}}{0{,}5\,\text{m}^2} = 590\,\text{N}.$$

Die Kraft auf A_1 muss mindestens 0,6 kN betragen.

Seite 27 (Material)

Material A – Reifendruck

Je nach Fahrradreifen benötigt man einen anderen Reifendruck. Ein Mountainbikereifen wird mit ca. 3 bar aufgepumpt, ein Rennradreifen mit ca. 9 bar (▹Bild 04). Ein Fahrer mit 50 kg Masse setzt sich auf das Fahrrad, welches selbst noch einmal etwa 10 kg Masse hat.
a) Berechne die Auflagefläche der Reifen beim Mountainbike- und beim Rennradreifen.
b) Die Reifenbreite beträgt beim Mountainbike etwa 60 mm, beim Rennrad etwa 25 mm. Passen diese Werte zu deinem Ergebnis von Teilaufgabe a)?
c) Bitte einen Freund, sich auf dein Rad zu setzen und bestimme die Auflagefläche deiner Reifen, indem du von allen Seiten ein Blatt Papier zwischen Reifen und Unterlage schiebst. Vergleiche mit deinem Ergebnis von Teilaufgabe a).

a) Gegeben: Masse von Radfahrer und Rad $m = 60$ kg, Reifendruck $p = 3{,}0 \cdot 10^6$ Pa bzw. $p = 9{,}0 \cdot 10^6$ Pa
Gesucht: Auflagefläche A des Reifens
Aus $F = p \cdot A$ folgt

$$A = \frac{F}{p} = \frac{m \cdot g}{p}.$$

Für das Mountainbike erhalten wir:

$$A = \frac{60\,\text{kg} \cdot 9{,}8\,\frac{\text{N}}{\text{kg}}}{3{,}0 \cdot 10^6\,\text{Pa}} = 0{,}0002\,\text{m}^2 = 2{,}0\,\text{cm}^2.$$

Für das Rennrad erhält man analog $A = 0{,}65\,\text{cm}^2$.
Die Auflagefläche beträgt 2,0 cm² beim Mountainbike und 0,65 cm² beim Rennrad.
b) Die Reifenbreite ist beim Mountainbike etwa 3-mal so groß wie beim Rennrad. Die Auflagefläche (Aufgabe a)) ist auch etwa 3-mal so groß. Die Ergebnisse passen zusammen.
c) Bitte selbst durchführen. Die ermittelte Auflagefläche sollte zu den Flächen von Aufgabe a) passen.

Material B – Wasserdruck

B1 Eine Wasserleitung mit 2,0 cm^2 Querschnittsfläche wird mit einem Daumen verschlossen. Dazu ist eine Kraft von 50 N nötig. Berechne den Druck in der Leitung.

Gegeben: Querschnittsfläche A = 2,0 cm^2 = 0,00020 m^2, Kraft F = 50 N

Gesucht: Druck p auf den Daumen

$$p = \frac{F}{A} = \frac{50\ \text{N}}{0{,}00020\ \text{m}^2}\ 250\,000\ \text{Pa} = 2{,}5\ \text{bar};$$

Der Druck in der Wasserleitung beträgt 0,25 MPa über Normaldruck.

B2 Wenn ein Auto im Wasser versinkt, wird es für die Insassen schnell lebensgefährlich. Die Autotür lässt sich aufgrund des Wasserdrucks nicht mehr öffnen.

a) Zähle auf, wovon es abhängt, mit welcher Kraft man gegen das Wasser drücken muss, um die Tür zu öffnen.

b) In 5 m Wassertiefe beträgt der Wasserdruck etwa 50 000 Pa. Berechne die Kraft auf die Tür in dieser Tiefe. Dazu musst du eine Größe abschätzen.

c) Häufig wird empfohlen, das Fenster zu öffnen, wenn das Auto sinkt. Zähle Vor- und Nachteile auf, die das Öffnen des Fensters unter W asser hat.

a) Die Kraft hängt ab

- von der Wassertiefe,
- von der Fläche der Türen,
- vom Wasserstand im Auto,
- der Stelle, an der man gegen die Tür man drückt (je weiter entfernt vom Drehpunkt, umso weniger Kraft ist nötig).

b) Gegeben: Wasserdruck $p = 5{,}0 \cdot 10^5$ Pa

Gesucht: Kraft F auf die Tür

Abschätzung der Fläche der Tür: $A = 1\ \text{m}^2$.

$F = p \cdot A = 5{,}0 \cdot 10^5\ \text{Pa} \cdot 1\ \text{m}^2 = 500\ \text{kN}$.

Die Kraft auf die Tür beträgt 500 kN.

c) Solange noch viel Luft im Auto ist, sinkt das Auto langsamer.

Ein Mensch kann nur eine Kraft von etwa 1 kN ausüben. Aus dem Ergebnis der Aufgabe b) folgt damit: Der Wasserstand im Auto muss ziemlich hoch sein, damit die Tür geöffnet werden kann.

Da das Wasser auch über andere Öffnungen im Auto einströmen kann, ist ein Öffnen des Fensters zum Druckausgleich nicht unbedingt erforderlich. Allerdings ist es wahrscheinlich, dass der Wasserdruck die Fenster ohnehin bersten lässt. Dies stellt wiederum eine Verletzungsgefahr für die Insassen dar.

Am besten ist es also die Tür noch vor dem Eintauchen ins Wasser zu öffnen oder gar nicht erst ins Wasser zu fahren.

Material C – Zaubertrick mit Luftdruck

C1 Auf ein randvoll mit Wasser gefülltes Trinkglas wird ein Karton gelegt. Anschließend wird das Glas vorsichtig umgedreht. Der Karton fällt nicht herunter.

a) Erkläre, warum der Karton nicht herunterfällt. Betrachte dazu die Kraft des Wassers und der Luft auf den Karton.

b) Die Wassermenge im Glas beträgt 500 cm^3. Das Glas hat eine Querschnittsfläche von 50 cm^2. Berechne die Kraft, die das Wasser auf den Karton ausübt. Der Luftdruck beträgt 1 bar. Berechne die Kraft, die die Luft auf den Karton ausübt.

c) Probiere, ob der Trick auch mit einem teilweise mit Wasser gefüllten Trinkglas funktioniert. Wenn ja, was kannst du dann über den Druck der Luft im Glas aussagen?

a) Die Kraft auf den Karton aufgrund des Luftdrucks ist größer, als die Kraft auf den Karton aufgrund der Schwerkraft des Wassers.

b) Von oben wirkt auf den Karton die Schwerkraft F des Wassers: 500 cm^3 Wasser haben eine Masse etwa 0,5 kg, also

$F = m \cdot g = 0{,}5\ \text{kg} \cdot 9{,}8\ \text{N/kg} = 5\ \text{N}$

und von unten wirkt der Luftdruck:

$F = p \cdot A = 1{,}0 \cdot 10^5\ \text{Pa} \cdot 0{,}005\ \text{m}^2 = 500\ \text{N}$.

Das entspricht der Schwerkraft, die die Erde auf einen Körper der Masse 50 kg ausübt. (Einen Eimer Wasser kann man also z. B. an einen Saughaken mit der Fläche 0,005 m^2 hängen.)

c) Der Trick funktioniert auch mit einem teilweise mit Wasser gefüllten Trinkglas. Der Luftdruck im Glas ist kleiner als außerhalb. Das Wasser dichtet den Übergang zwischen Glas und Karton ab. Der Karton wölbt sich nach unten, bis der Druck im Glas so weit abgenommen hat, dass sich die Kräfte auf den Karton aufheben.

Schweredruck und Auftrieb

Seite 29

1 Berechne den Luftdruck auf dem Mount Everest (*h* = 8848 m) und dem Mont Blanc (*h* = 4810 m).

Der Luftdruck p in der Höhe h über dem Meeresspiegel berechnet sich nach der Gleichung

$$p = p_0 \cdot \left(\frac{1}{2}\right)^{\frac{h}{H}},\ \text{mit } H = 5500\ \text{m und } p_0 = 1013\ \text{hPa}.$$

Mount Everest: $p = 1013\ \text{hPa} \cdot \left(\frac{1}{2}\right)^{\frac{8848\ \text{m}}{5500\ \text{m}}}$

$p = 332\ \text{hPa}$

Mont Blanc: $p = 1013 \text{ hPa} \cdot \left(\frac{1}{2}\right)^{\frac{4810 \text{ m}}{5500 \text{ m}}}$

$p = 553 \text{ hPa}$

Seite 30

1 Ein Holzquader hat eine Masse von 400 g und ein Volumen von 0,5 dm³.
a) Berechne die Schwerkraft, die die Erde auf den Holzquader ausübt.
b) Der Holzquader wird vollständig in Wasser eingetaucht. Berechne die Auftriebskraft auf den Holzquader.
c) Der Holzquader schwimmt auf dem Wasser. Berechne, bis zu welchem Anteil der Holzquader eintaucht.

a) $F = m \cdot g = 0{,}400 \text{ kg} \cdot 9{,}8 \text{ N/kg} = 3{,}92 \text{ N}$.
Die Schwerkraft beträgt 3,92 N.

b) Gegeben: Volumen $V = 0{,}5 \text{ dm}^3$, $\rho_W = 1{,}0 \text{ kg/dm}^3$
Gesucht: Auftriebskraft F_A auf den Holzquader
Die Auftriebskraft ist gleich der Schwerkraft auf die vom Quader verdrängten Wassermenge:

$F_A = m_{\text{Wasser}} \cdot g = V \cdot \rho_W \cdot g$
$= 0{,}5 \text{ dm}^3 \cdot 1{,}0 \text{ kg/dm}^3 \cdot 9{,}8 \text{ N/kg} = 5 \text{ N}$.

Die Auftriebskraft auf den Holzquader beträgt 5 N.

c) Auftriebskraft und Schwerkraft müssen sich ausgleichen. Dies ist dann der Fall, wenn die Auftriebskraft etwa 4 N beträgt. Dazu muss der Quader zu 4/5 ins Wasser eintauchen.

Seite 31 (Material)

Material A – Luftdruck

A1 Der Luftdruck beträgt ca. 100 000 Pa.
a) Berechne, mit welcher Kraft die Luft auf 1 cm² unserer Körperoberfläche einwirkt (▹Bild 04).
b) Um die gleiche Kraft auf 1 cm² auszuüben, könnte man auch ein Massestück auf unser erstes Fingerglied legen. Gib an, welche Masse dieses Massestück haben müsste, um den gleichen Druck zu erzeugen.

a) Gegeben: Fläche $A = 1 \text{ cm}^2 = 1{,}0 \cdot 10^{-4} \text{ m}^2$; Luftdruck $p = 1{,}0 \cdot 10^5 \text{ Pa}$
Gesucht: Kraft F
$F = p \cdot A = 1{,}0 \cdot 10^5 \text{ Pa} \cdot 1{,}0 \cdot 10^{-4} \text{ m}^2 = 10 \text{ N}$.
Die Kraft auf 1 cm² Körperfläche beträgt 10 N.

b) $F = m \cdot g$, also $m = F/g = 10 \text{ N}/(9{,}8 \text{ N/kg}) = 1 \text{ kg}$.
Das Massestück müsste eine Masse von 1 kg haben.

A2 Auf 5000 m Höhe ist der Luftdruck etwa halb so groß wie auf Meereshöhe. Begründe, warum der Luftdruck auf 10 000 m Höhe nicht null ist. Schätze ab, wie groß der Luftdruck auf dem Mount Everest (8848 m Höhe) ist.

Der Luftdruck wird durch die darüber liegenden Luftmassen erzeugt. Da der Luftdruck nach oben hin abnimmt, nimmt auch die Dichte der Luft nach oben ab. Nur wenn die Dichte der Luft nach oben hin gleich bliebe, müsste man auf 10 000 m Höhe den Luftdruck 0 Pa haben (wenn er auf 5000 m Höhe halb so groß ist wie auf 0 m Höhe).
Auf 5000 m Höhe herrscht ein Luftdruck von etwa 50 000 Pa, auf 10 000 m sind es etwa 25 000 Pa. Auf knapp 9000 m Höhe beträgt der Luftdruck dann etwa 30 000 Pa (▹Bild 04 auf S. 29).

A3 Wenn sich ein Konservenglas mit Schraubdeckel nicht öffnen lässt, hilft es oft, ein Loch in den Deckel zu stechen. Begründe.

Im Konservenglas ist der Luftdruck geringer als der Außendruck. Dadurch wird der Verschluss auf den Glasrand gedrückt und ist schwieriger zu öffnen, als wenn der Luftdruck innen und außen gleich wäre. Diesen Druckausgleich erzielt man durch das Loch im Deckel.

Material B – Schwimmen und Sinken

B1 Von Eisbergen ist nur ein kleiner Teil oberhalb der Meeresoberfläche zu sehen. Eis hat eine Dichte von 0,92 g/cm³, Meerwasser etwa 1,02 g/cm³. Berechne den sichtbaren Volumenanteil eines Eisbergs.

Da es nicht auf die Form des Eisbergs ankommt, überlegen wir uns die Aufgabe für einen Eiswürfel (analog zu Aufgabe 1 auf S. 30 im Lehrbuch).
Ein Eiswürfel taucht nur so weit ins Wasser ein, bis die Auftriebskraft gleich der Schwerkraft ist. Die Auftriebskraft ist dann proportional zur Dichte des Meerwassers und zur Eintauchtiefe. Die Schwerkraft ist proportional zur Masse des Eises und damit zur Höhe h_0 des Eiswürfels.
Gegeben: $\rho_{MW} = 1{,}02 \text{ g/cm}^3$, $\rho_{\text{Eis}} = 0{,}92 \text{ g/cm}^3$
Gesucht: Anteil der Eintauchtiefe h/h_0
Schwerkraft auf den Eisberg:
$F = m_{\text{Eis}} \cdot g = h_0 \cdot A \cdot \rho_{\text{Eis}} \cdot g$,
Auftriebskraft F_A:
$F_A = m_{\text{Meerwasser}} \cdot g = h \cdot A \cdot \rho_{\text{Meerwasser}} \cdot g$
Daraus ergibt sich für den Anteil der Eintauchtiefe h/h_0:

$$\frac{h}{h_0} = \frac{\rho_{\text{Eis}}}{\rho_{\text{Meerwasser}}} = \frac{0{,}92 \frac{\text{g}}{\text{cm}^3}}{1{,}02 \frac{\text{g}}{\text{cm}^3}} = 0{,}90.$$

Der sichtbare Volumenanteil beträgt $1 - 0{,}90 = 0{,}1$ bzw. 10 %.
Oft enthalten Eisberge Lufteinschlüsse, sodass der sichtbare Volumenanteil sogar etwa 15 % beträgt, das ist ungefähr ein Siebtel.

B2 Fülle ein Glas zur Hälfte mit Wasser und gib mehrere Eiswürfel hinzu (▷Bild 05). Markiere anschließend sorgfältig die Höhe des Wasserstands. Überlege, während das Eis schmilzt: Sinkt der Wasserstand, steigt er oder bleibt er gleich? Begründe!
Der Wasserstand bleibt gleich.
Begründung: Das Eis verdrängt gerade so viel Wasser, wie es selbst im flüssigen Aggregatzustand hat. Das verdrängte Wasser lässt also den Wasserspiegel genau so weit steigen, wie später das geschmolzene Eis.

Material C – Schwebender Taucher

C1 Ein Taucher kann im Wasser schweben, ohne Arme und Beine zu bewegen. Erläutere, welche Bedingung die Kräfte auf den Taucher erfüllen müssen, damit er schwebt.
Auftriebskraft und Schwerkraft auf den Taucher müssen gleich groß sein.

C2 Durch seinen Taucheranzug verdrängt der Taucher zunächst zuviel Wasser und schwimmt trotz Pressluftflasche an der Oberfläche. Erkläre, wieso ein Bleigürtel den Taucher sinken lässt. Gehe dabei auf die Wasserverdrängung und die Schwerkraft ein.
Ein Bleigürtel verdrängt relativ wenig Wasser, trägt also wenig zum Auftrieb bei. Die Schwerkraft auf den Bleigürtel ist dagegen relativ groß, deutlich größer als die Auftriebskraft.

C3 Außerdem trägt der Taucher eine sogenannte Tarierweste, die er mit Luft aufblasen kann. Erkläre, wieso der Taucher Luft in die Tarierweste blasen muss, damit er auch beim Abtauchen immer noch schwebt.
Beim Abtauchen nimmt der Wasserdruck ständig zu. Dadurch wird die Luft in der Tarierweste immer weiter zusammengedrückt. Dies führt dazu, dass die Weste weniger Wasser verdrängt und die Auftriebskraft geringer wird. Zum Ausgleich muss weitere Luft in die Weste geblasen werden.

C4 Das Feintuning des Auftriebs funktioniert über die Atemluft. Nach dem Ausatmen sinkt man etwas nach unten, nach dem Einatmen steigt man etwas auf. Es ist ein schönes Gefühl, mit dem Atem die Bewegung zu steuern. Erkläre, warum man beim Eina tmen etwas aufsteigt.
Beim Einatmen strömt Luft aus der Pressluftflasche in die Lunge. Während sich das Volumen der Pressluftflasche dabei nicht ändert, ändert sich das Volumen des Oberkörpers des Tauchers. Dadurch verdrängt der Taucher mehr Wasser und seine Auftriebskraft wird größer. Dadurch steigt er nach oben.

C5 Ein Taucher ist im Süßwasserbecken in 5 m Tiefe genau „austariert". Begründe, warum er im Salzwasser in 5 m Tiefe nicht austariert ist. Beschreibe, wie sich die Wassertemperatur auf das Austarieren auswirkt.
Salzwasser hat eine größere Dichte als Süßwasser. Damit ist die Schwerkraft auf das verdrängte Wassers in Salzwasser größer als bei Süßwasser. Folglich ist auch der Auftrieb größer, der Taucher würde nach oben steigen.
Bei kälterem Wasser ist der Effekt der gleiche, bei wärmerem Wasser ist der Auftrieb kleiner und der Taucher sinkt ab.

3 Innere Energie

Energie und Temperatur

Seite 33

1 In einem Aluminiumtopf mit 0,2 kg Masse befindet sich 1 kg Wasser. Berechne die Energiemenge, die mindestens zugeführt werden muss, um Topf und Wasser von 20 °C auf 100 °C zu erwärmen.
Gegeben: $m_{\text{Alu}} = 0{,}2$ kg, $m_{\text{Wasser}} = 1$ kg, $\Delta T = 80$ K
Gesucht: ΔE

$$\Delta E = c_{\text{Alu}} \cdot m_{\text{Alu}} \cdot \Delta T + c_{\text{Wasser}} \cdot m_{\text{Wasser}} \cdot \Delta T$$

$$\Delta E = 0{,}9\,\frac{\text{kJ}}{\text{kg}\cdot\text{K}} \cdot 0{,}2\,\text{kg} \cdot 80\,\text{K} + 4{,}2\,\frac{\text{kJ}}{\text{kg}\cdot\text{K}} \cdot 1{,}0\,\text{kg} \cdot 80\,\text{K}$$

$$\Delta E = 14{,}4\text{ kJ} + 336{,}0\text{ kJ} = 350{,}4\text{ kJ}.$$

2 100 g Milchschokolade enthalten 2245 kJ Energie. Berechne, wie viel Wasser bzw. Speiseöl (jeweils in kg) man mit dieser Energiemenge um 50 K erwärmen könnte.
Gegeben: $\Delta E = 2245$ kJ, $\Delta T = 50$ K
Gesucht: m_{Wasser} bzw. $m_{\text{Öl}}$
Die Gleichung $\Delta E = c \cdot m \cdot \Delta T$ stellen wir nach m um und rechnen jeweils für Wasser und Speiseöl:

$$m_{\text{Wasser}} = \frac{\Delta E}{c_{\text{Wasser}} \cdot \Delta T} = \frac{2245\text{ kJ}}{4{,}2\,\frac{\text{kJ}}{\text{kg}\cdot\text{K}} \cdot 50\text{ K}} = 10{,}7\text{ kg}$$

$$m_{\text{Öl}} = \frac{\Delta E}{c_{\text{Öl}} \cdot \Delta T} = \frac{2245\text{ kJ}}{1{,}7\,\frac{\text{kJ}}{\text{kg}\cdot\text{K}} \cdot 50\text{ K}} = 26{,}4\text{ kg}$$

Seite 34

1 Berechne aus den Angaben von JOULE die spezifische Wärmekapazität von Wasser.

Gegeben: $m_{\text{Wasser}} = 0{,}454$ kg, $m_{\text{Masse}} = 781{,}5 \cdot 0{,}454$ kg $= 354{,}8$ kg, $\Delta h = 0{,}305$ m, $\Delta T = {}^5/_9$ K $= 0{,}56$ K

Gesucht: c_{Wasser}

Zunächst wird die durch Absenken der Massestücke zugeführte Energie berechnet:

$$\Delta E = m_{\text{Masse}} \cdot g \cdot \Delta h = 354{,}8\ \text{kg} \cdot 9{,}8\ \frac{\text{m}}{\text{s}^2} \cdot 0{,}305\ \text{m}$$

$\Delta E = 1060{,}5$ J.

Wenn diese Energie vollständig zur Erhöhung der Temperatur des Wassers genutzt wurde, dann ergibt sich aus $\Delta E = c_{\text{Wasser}} \cdot m_{\text{Wasser}} \cdot \Delta T$ für c_{Wasser}:

$$c_{\text{Wasser}} = \frac{\Delta E}{m_{\text{Wasser}} \cdot \Delta T} = \frac{1{,}0605\ \text{kJ}}{0{,}454\ \text{kg} \cdot 0{,}56\ \text{K}}$$

$$= 4{,}2\ \frac{\text{kJ}}{\text{kg} \cdot \text{K}}.$$

Das stimmt mit dem bekannten Wert überein.

Seite 35 (Material)

Material A – Der Abseilachter

A1 a) Ein Kletterer der Masse 70 kg seilt sich über eine 20 m hohe Felswand ab. Dadurch ändert sich seine Höhenenergie $E = m \cdot g \cdot h$. Berechne den Unterschied der Höhenenergie.

b) Der Abseilachter hat eine Masse von 90 g und besteht aus Aluminium. Vor dem Abseilen hat der Abseilachter eine Temperatur von 24 °C. Berechne die Temperatur, die der Abseilachter maximal annehmen kann. Nimm dazu an, dass die gesamte Energie aus a) zur Erwärmung des Abseilachters führt.

c) Erläutere, welche Rolle die Abseilgeschwindigkeit bei der Erwärmung des Abseilachters spielt.

d) Die Kletterseile bestehen hauptsächlich aus Kunststoff. Dieser Kunststoff schmilzt bei etwa 200 °C. Im praktischen Einsatz wird der Abseilachter aber nicht so heiß, wie in b) berechnet. Überlege dir mögliche Ursachen dafür.

a) Gegeben: $m = 70$ kg, $h = 20$ m

Gesucht: Änderung der Höhenenergie E

$$E = m \cdot g \cdot h = 70\ \text{kg} \cdot 9{,}8\ \frac{\text{m}}{\text{s}^2} \cdot 20\ \text{m} = 13{,}72\ \text{kJ}.$$

b) Masse des Abseilachters $m_{\text{Al}} = 0{,}090$ kg, Temperatur vor dem Abseilen $\vartheta_1 = 24$ °C, zugeführte Energie: $\Delta E = 13{,}72$ kg;

Gesucht: Temperatur des Abseilachters nach dem Abseilen

Die Gleichung $\Delta E = c \cdot m \cdot \Delta T$ lösen wir nach ΔT auf:

$$\Delta T = \frac{\Delta E}{c \cdot m} = \frac{13{,}72\ \text{kJ}}{0{,}090\ \text{kg} \cdot 0{,}9\ \frac{\text{kJ}}{\text{kg} \cdot \text{K}}} \approx 169\ \text{K}.$$

Die Temperatur des Abseilachters beträgt nach dem Abseilen 193 °C.

c) Da die Gleitreibungskräfte unabhängig von der Geschwindigkeit sind, mit der die Körper aneinander gleiten, spielt die Geschwindigkeit eigentlich keine Rolle. Allerdings wird ja beim Abseilen Energie an die Umgebung abgegeben. Je länger der Vorgang dauert, umso mehr Energie kann währenddessen abgegeben werden.

d) Beim Abseilen wird bereits Energie an die Umgebung abgegeben. Die Energie wird also nicht nur zur Erwärmung des Abseilachters aufgewendet.

Material B – Was ist eine Kalorie?

B1 a) Berechne aus den Angaben im ▹Bild 04 den Umrechnungsfaktor von kcal in kJ.

b) Gib die Energie an, die man benötigt, um 1 g Wasser um 1 K zu erwärmen.

c) In einem alten Physikbuch steht: 1 Kalorie ist die Wärmemenge, die benötigt wird, um 1 g Wasser von 14,5 °C auf 15,5 °C zu erwärmen. Vergleiche diese Aussage mit den Ergebnissen aus B1 und B2a.

a) Den Angaben entnehmen wir:
1714 kJ = 407 kcal bzw. 240 kJ = 57 kcal.
Daraus ergibt sich:
1 kcal = 4,2 kJ bzw. 1 kJ = 0,24 kcal.

b) $\Delta E = 4{,}2\ \frac{\text{kJ}}{\text{kg} \cdot \text{K}} \cdot 0{,}001\ \text{kg} \cdot 1\ \text{K} = 4{,}2\ \text{J}.$

c) Aus 1 kcal = 4,2 kJ folgt 1 cal = 4,2 J.
Dies ist genau die Energie, die benötigt wird, um 1 g Wasser um 1 K, also z. B. von 14,5 °C auf 15,5 °C, zu erhöhen. Das ist kein Zufall, denn so hat man die Einheit 1 cal festgelegt.

B2 a) Du hast einen Schokoriegel von 18 g mit dem Energiegehalt von 410 kJ gegessen. Berechne den Höhenunterschied, den du damit in den Bergen erwandern könntest.

b) Max sagt: „Dann brauche ich ja nur drei Riegel, um von Ehrwald (994 m) auf die Zugspitze (2962 m) zu klettern." Nimm Stellung.

a) Gegeben: Energiezufuhr $\Delta E = 410$ kJ

Gesucht: Höhenunterschied h

Wenn man davon ausgeht, dass die gesamte Energie in Höhenenergie umgewandelt wird, dann ergibt sich h aus:

$$h = \frac{\Delta E}{m \cdot g}.$$

Eine Masse ist nicht angegeben, wir nehmen an $m = 60$ kg. Daraus folgt:

$$h = \frac{410\ \text{kJ}}{60\ \text{kg} \cdot 9{,}8\ \frac{\text{m}}{\text{s}^2}} = 697\ \text{m}.$$

b) Mit drei Schokoriegeln käme man auf einen Höhenunterschied von $3 \cdot 697$ m = 2091 m, also von Ehrwald auf die Zugspitze. Es ist aber so, dass die im Schokoriegel enthaltene Energie nicht ausschließlich in die Zunahme der Lageenergie umgewandelt wird. Sie wird u. a. für die Aufrechterhaltung der Körperfunktionen benötigt, und ein Teil wird thermisch an die Umgebung abgegeben. Max hat also nicht Recht.

B3 Um den Energiegehalt von Lebensmitteln zu bestimmen, verbrennt man diese im Labor in einem besonderen, isolierten Gefäß zu Asche. In dem Gefäß befindet sich Wasser, das dabei erwärmt wird. Die Temperaturerhöhung des Wassers wird gemessen.
Im Labor wurde auf diese Weise 1,5 g Zucker verbrannt. In dem Gefäß befinden sich 160 g Wasser. Der Temperaturverlauf wurde gemessen und in einem Diagramm dargestellt (▹Bild 05). Berechne den Energiegehalt von 1,5 g Zucker.
Anhand der Temperaturkurve erkennt man, dass die Temperatur des Wassers um ca. 36 K gestiegen ist. Für 160 g Wasser sind hierfür

$$\Delta E = c \cdot m \cdot \Delta T = 4{,}2\ \frac{\text{kJ}}{\text{kg} \cdot \text{K}} \cdot 0{,}16\ \text{kg} \cdot 36\ \text{K} = 24{,}2\ \text{kJ}$$

an Energie nötig. Diese Energie stammt aus 1,5 g Zucker. Daraus ergibt sich ein Energiegehalt für Zucker von 16,1 kJ pro Gramm.

Wechsel der Aggregatzustände

Seite 37

1 a) Berechne die Energie, die man benötigt, um 100 g Eis zu schmelzen.
b) Berechne, auf welche Temperatur man 100 g Wasser von 0 °C mit der Energie aus a) erwärmen kann.
a) Laut Merksatz benötigt man 334 kJ Energie, um 1 kg Eis zu schmelzen. Die spezifische Schmelzwärme ist proportional zur Masse. Also benötigt man für 100 g bzw. 0,1 kg Eis nur ein Zehntel der Energie, also 33,4 kJ.
b) Gegeben: $m = 0{,}1$ kg, $c = c_{\text{Wasser}}$, die Anfangstemperatur $\vartheta_1 = 0$ °C und $\Delta E = 33{,}4$ kJ
Gesucht: ΔT
$\Delta E = c \cdot m \cdot \Delta T$, also ist ΔT gegeben durch

$$\Delta T = \frac{\Delta E}{m \cdot c} = \frac{33{,}4\ \text{kJ}}{0{,}100\ \text{kg} \cdot 4{,}2\ \frac{\text{kJ}}{\text{kg} \cdot \text{K}}} = 79{,}5\ \text{K}.$$

Man kann das Wasser auf 79,5 °C erwärmen.

Seite 39

1 Berechne, wie viel Wasserdampf (in g) man in eine Tasse mit 150 g Milch von 5 °C einleiten muss, damit man trinkwarme Milch von 40 °C erhält.
Überlege dir zuerst, wie viel Energie man zur Erwärmung der Milch benötigt. Berechne dann, wie viel Wasserdampf dazu kondensieren muss. Verwende für die Wärmekapazität von Milch den Wert für Wasser.
Um 150 g Milch von 5 °C auf 40 °C zu erhitzen, benötigt man die Energie:

$$\Delta E = c \cdot m \cdot \Delta T = 4{,}2\ \frac{\text{kJ}}{\text{kg} \cdot \text{K}} \cdot 0{,}150\ \text{kg} \cdot 35\ \text{K} = 22\ \text{kJ}.$$

Um 1 g Wasser zu verdampfen sind 2,260 kJ Energie nötig. Um 22 kJ zu erhalten, muss man die Masse

$$m = \frac{\Delta E}{r} = \frac{22\ \text{kJ}}{2{,}260\ \text{kJ}}\ \text{g} = 9{,}7\ \text{g}$$

Wasserdampf kondensieren.

2 Begründe, warum man beim Wasser kochen den Kochtopf mit einem Deckel verschließen sollte.
Ohne Deckel: Das Wasser verdampft und verschwindet aus dem Topf. Mit dem Wasserdampf geht auch Energie aus dem Topf in die Umgebung verloren.
Mit Deckel: Der Wasserdampf bleibt im Topf. Am kühleren Deckel kondensiert der Dampf und gibt innere Energie thermisch an den Deckel ab. Insgesamt bleibt mehr Energie im Topf also ohne Deckel.

3 Zu 300 cm³ Orangensaft von 30 °C gibt man 50 g Eis von 0 °C. Berechne, auf welche Endtemperatur man den Saft im günstigsten Fall abkühlen könnte. Verwende für Orangensaft die Werte von Wasser.
Gegeben: Menge an Orangensaft: $300\ \text{cm}^3 \mathrel{\hat{=}} 0{,}3$ kg, Safttemperatur: 30 °C, $m_{\text{Eis}} = 0{,}050$ kg, Eistemperatur: 0 °C
Gesucht: Endtemperatur des Saftes
Berechnung der Energie zum Schmelzen:

$$\Delta E = m_{\text{Eis}} \cdot s = 0{,}050\ \text{kg} \cdot \frac{334\ \text{kJ}}{1\ \text{kg}} = 16{,}7\ \text{kJ}.$$

Diese Energie stammt aus dem Orangensaft, dessen Temperatur sich um ΔT verringert:

$$\Delta T = \frac{\Delta E}{m \cdot c} = \frac{16{,}7\ \text{kJ}}{0{,}3\ \text{kg} \cdot 4{,}2\ \frac{\text{kJ}}{\text{kg} \cdot \text{K}}} = 13{,}3\ \text{K}.$$

Nachdem das Eis geschmolzen ist, beträgt die Temperatur des Safts noch etwa 16,7 °C. Der Saft und das 0 °C kalte Wasser vermischen sich ja noch. Das ergibt insgesamt eine Temperatur von:

$$T = \frac{m_1 \cdot T_1 + m_2 \cdot T_2}{m_1 + m_2} = \frac{0{,}3\ \text{kg} \cdot 289{,}7\ \text{K} + 0{,}05\ \text{kg} \cdot 273\ \text{K}}{0{,}35\ \text{kg}} = 287{,}3\ \text{K}.$$

Als Mischungstemperatur ergibt sich demnach 14,3 °C.

Seite 40

1 Wenn ein leichter Wind geht, dann kühlt der Schweiß noch besser. Gib eine Begründung an.
Direkt über der Hautoberfläche befindet sich warme Luft. Der Wind transportiert die warme Luft fort, sodass die Lufttemperatur über der Haut geringer ist als ohne Wind. Außerdem ist der Wasserdampfdruck in der nun kühleren Luft niedriger, sodass mehr Schweiß verdunsten kann.

2 Wir empfinden es als schwül, wenn viel Wasserdampf in der Luft vorhanden ist, ohne dass er zu Wassertröpfchen kondensiert. Überlege, warum du an solchen schwülen Tagen viel stärker schwitzen musst als an normalen Tagen mit derselben Lufttemperatur.
Wenn bereits viel Wasserdampf in der Luft enthalten ist, dann kann sie weniger Wasserdampf aufnehmen, sodass der Körper zur Temperaturregulierung mehr Schweiß produziert. Schwüle Hitze empfindet man wärmer als trockene Hitze derselben Temperatur.

Seite 41 (Material)

Material A – Energiespeicher Handwärmer

A1 a) Überlege, woher die Energie stammt, die der Handwärmer abgibt.
b) Ähnlich wie beim Aufladen eines Akkus wird dem Handwärmer beim „Aufladen" Energie zugeführt. Beschreibe, wo die zugeführte Energie geblieben ist.
c) Beschreibe, wie sich der Energieinhalt des Handwärmers nach dem Herausnehmen aus dem Topf ändert.
a) Die Energie ist in der flüssigen Substanz des Handwärmers als innere Energie enthalten. Beim Erstarren wird ein Teil der inneren Energie der Substanz thermisch an die Umgebung abgegeben.
b) Beim „Aufladen", also beim Schmelzen der festen Substanz im Handwärmer muss von außen Energie thermisch zugeführt werden. Diese Energie steckt als innere Energie in der flüssigen Substanz.
c) Nach dem Herausnehmen des Handwärmers aus dem Topf kühlt sich der Handwärmer langsam ab, ohne dass die flüssige Substanz erstarrt. Dabei gibt der Handwärmer Energie thermisch an die Umgebung ab.

A2 Erläutere die Gemeinsamkeiten und Unterschiede von Wärmflasche und Handwärmer unter dem Gesichtspunkt der Energie.
Gemeinsamkeiten: Die thermisch zugeführte Energie ist in der Wärmflasche bzw. im Handwärmer enthalten. Wärmflasche und Handwärmer geben die zugeführte Energie über einen längeren Zeitraum hinweg thermisch wieder an die Umgebung ab. Beide sind „wiederaufladbar".

Unterschiede:

Wärmflasche	Handwärmer
Der Aggregatszustand des Wassers ändert sich nicht.	Der Aggregatzustand der inneren Substanz ändert sich.
Energie ist als thermische Energie gespeichert.	Energie ist als innere Energie gespeichert.
Gibt Energie ohne Zeitverzögerung wieder ab.	Gibt Energie erst nach Knicken des Metallplättchens wieder ab.

Material B – Abhängigkeit des Siedepunkts vom Druck

B1 a) Beschreibe das Diagramm in ▹Bild 05.
b) Erkläre mithilfe dieses Diagramms die niedrigere Siedetemperatur des Wassers auf der Zugspitze.
a) Im Diagramm ist die Siedetemperatur des Wassers über dem Luftdruck aufgetragen. Die Siedetemperatur steigt mit dem Luftdruck an, zunächst sehr stark, dann schwächer.
b) In 3000 m Höhe über dem Meeresspiegel beträgt der Luftdruck nur noch ca. 650 hPa gegenüber dem Normaldruck von ca. 1000 hPa. Bei 650 hPa liegt die Siedetemperatur von Wasser bei 90 °C.

B2 In der Küche wird häufig ein Dampfdruckkochtopf zur Verkürzung der Garzeit eingesetzt. Hierbei wird der Topf mit dem Deckel luftdicht verschlossen. Weil der Wasserdampf nicht entweichen kann, erhöht sich der Druck im Inneren des Topfes bis zum 1,8fachen des normalen Luftdrucks.
a) Schätze mithilfe des Diagramms in ▹Bild 05 die Siedetemperatur des Wassers im Dampfdruckkochtopf ab.
b) Erkläre die Wirkungsweise eines Dampfdruckkochtopfes.
a) Wenn man die rote Kurve bis 1800 hPa extrapoliert, dann liest man eine Siedetemperatur von ca. 115 °C im Dampfdrucktopf ab.
b) Das Wasser im Dampfdruckkochtopf siedet erst bei einer höheren Temperatur als 100 °C. Dadurch verringert sich die Garzeit des Kochguts.

B3 Eine Spritze wird mit etwas Wasser gefüllt. Dabei wird darauf geachtet, dass sich keine Luft mehr in der Spritze befindet. Anschließend wird die Öffnung dicht verschlossen und die Spritze auseinander gezogen. Dabei beobachtet man die Entstehung von Blasen im Wasser. Erkläre die Beobachtung.
Durch das Auseinanderziehen der Spritze vergrößert sich das Volumen. Gleichzeitig sinken der Druck in der Spritze und die Siedetemperatur des Wassers. Das Wasser beginnt also zu sieden, was zur Blasenbildung führt.

B4 In der Tiefsee gibt es in 3000 m Wassertiefe Vulkane, die bis zu 400 °C heißes Wasser ausstoßen. Erkläre, warum das ausgestoßene Wasser trotz der hohen Temperatur von 400 °C flüssig ist.

In 3000 m Wassertiefe herrscht ein enorm hoher Druck von fast 300 bar. Das hat zur Folge, dass Wasser dort erst bei sehr hohen Temperaturen siedet. Bei 400 °C ist es dort noch flüssig.

Energieübertragung

Didaktische Hinweise

Die Energie hat drei besondere Bedeutungen:

Erstens ist Energie für das Klima, das Leben und die Technik notwendig. Denn unsere Erde steht im ständigen energetischen Austausch mit dem umgebenden Weltall und der dort vorhandenen Sonnenstrahlung. Das dabei entstehende Fließgleichgewicht ist grundlegend für die Bewohnbarkeit unseres Planeten. Wir Menschen beeinflussen dieses Gleichgewicht seit einigen Jahren und gefährden so unsere eigene Lebensgrundlage. Das ist ein epochaltypisches Problem, von dem wir alle betroffen sind und das wir gemeinsam mit innovativen Technologien angehen sollten. An dieser Thematik können die Schülerinnen und Schüler in Unterkapitel 2 „Thermische Energieübertragung" auf spannende Weise alles Wesentliche über thermische Energieübertragung lernen.

Zweitens ist der Begriff der Energie in Niedersachsen im Sinne eines Basiskonzeptes ein zentraler Begriff. Daher werden viele physikalische Vorgänge mit Hilfe der übertragenen und gespeicherten Energie veranschaulicht, gedeutet, strukturiert und berechenbar gemacht. Auch werden für die Energie grundlegende Prinzipien und wirksame Problemlösestrategien entwickelt. Dabei werden bei Energieübertragungen auftretende Höhen, Strecken, Kräfte, Geschwindigkeiten, Beschleunigungen, elektrische Spannungen sowie elektrische Stromstärken analysiert.

Drittens hat die Industriegesellschaft ernsthaft damit begonnen, sich von fossilen Energieträgern unabhängiger zu machen. Das ist notwendig, weil diese Energieträger begrenzt sind und weil ihr ausufernder Einsatz das Klima und die Atmosphäre ungünstig verändert. Entsprechend werden die Schülerinnen und Schüler in diesem Kapitel auch dazu befähigt, die beiden wichtigsten regenerativen Energieträger Wind und Sonne sowie entsprechende Energiewandler kompetent zu analysieren.

Ziel des Kapitels ist es, von den Alltagsvorstellungen und grundlegenden Kompetenzen auszugehen und diese durch spannende Experimente, Kontexte und Analysen zu anspruchsvollen Kompetenzen weiterzuentwickeln. Dabei werden die drei genannten besonderen Bedeutungen an geeigneten Stellen immer wieder zur Kompetenzentwicklung genutzt.

Mechanische Energieübertragung
Das Kerncurriculum erwartet die quantitative Bestimmung mechanisch übertragener Energie. In diesem Abschnitt gestalten wir einen sehr sanft ansteigenden Lernprozess, indem wir beim Heben von einem einfachen Zahlenbeispiel ausgehen, an dem die Lernenden den Term zur Höhenenergie aus ihrem Alltagswissen heraus entwickeln können. Da bei diesem Beispiel die Masse an einem Seil hochgezogen wird, können die Lernenden die mechanisch zugeführte Energie auch als Produkt aus Kraft und Strecke deuten und so den zweiten wichtigen Energieterm am Alltagsbeispiel entdecken. Das lebensweltliche Beispiel eines herabrollenden Wagens wird durch ein Stroboskopfoto erfasst und liefert das Material für grafische und tabellarische Analysen, die völlig transparent zum Term der Bewegungsenergie führen. Diese sanfte Progression wird vertieft durch Reflexionen zur doppelten Proportionalität und zur Einheit. So befähigt können die Lernenden viele Alltagssituationen energetisch analysieren, beispielsweise eine moderne Windenergieanlage, von der sie auch den physikalisch maximalen Wirkungsgrad bestimmen können.

Thermische Energieübertragung
Das Kerncurriculum erwartet die quantitative Bestimmung thermisch übertragener Energie. In einem ersten Abschnitt werden zunächst die drei Formen thermischer Energieübertragung im Rahmen vielfältiger lebensweltlicher Beispiele und Experimente erkannt, geordnet und mit dem Teilchenmodell gedeutet. Dabei erkennen die Lernenden an Beispielen zu atmosphärischen und ozeanischen thermischen Energietransporten die globale Bedeutung solcher Prozesse. Im zweiten Abschnitt wird die eigentliche Quelle globaler Energieströme, die Sonnenstrahlung, mit Hilfe klärender Experimente auch quantitativ untersucht. An verschiedenen auch lebensweltlichen Beispielen wird das Fließgleichgewicht entdeckt. So befähigt können die Lernenden im dritten Abschnitt den Energiehaushalt der Erde ohne und mit Atmosphäre quantitativ modellieren und entsprechende mittlere Temperaturen berechnen. Nachdem die Lernenden thermische Energieübertragungen quantitativ untersucht und modelliert haben, können sie in Abschnitt vier den anthropogenen Klimawandel behandeln und selbstständig kritisch erörtern.

Elektrische Energieübertragung
Das Kerncurriculum erwartet die energetische Beschreibung von Motor, Generator und Transformator. In Experimenten werden Dynamots als Energiewandler und wahlweise als Motor oder Generator betrieben. In behutsamer Weise knüpfen Versuche zur Klärung der Funktionsweise des Elektromotors an. Diese werden nach dem Prinzip der Verbesserung von Motoren fortgeführt. Ebenso sanft wird das Generatorprinzip experimentell erkundet. Wiederum leitet das Prinzip der Verbesserung von Generatoren mit einfachen Versuchen zur Wechselspannung über. Ein Blickpunkt reflektiert das Gelernte im Rahmen der Lorentzkraft. Ein anderer Blickpunkt zeigt das EKG als biophysikalisches Beispiel für Wechselspannung. Am Beispiel der elektrischen Zahnbürste wird die Energieübertragung durch Transformatoren eingeführt und in Modellversuchen erkundet. Der Induktionsherd illustriert die Leistungsfähigkeit des Transformators. Diese wird durch Experimente genauer untersucht, welche zu den Transformatorgesetzen führen. Ein Blickpunkt zum elektrischen Schweißen und zum Hochspannungstransformator öffnet den Horizont für ein weites Anwendungsspektrum. Ein Abschnitt zum Verbundnetz zeigt die Bedeutung des Transformators für die Übertragung großer Mengen an elektrischer Energie und damit für den Einsatz regenerativer Energien.

Erhaltungssätze
Das Kerncurriculum erwartet die Nutzung des Energieerhaltungssatzes zur Lösung von Aufgaben und Problemen. Diese Funktion wird zunächst durch eine energetische Analyse eines Bobfahrers verdeutlicht, die Untersuchung führt durch einfache Überlegungen vom Term der kinetischen Energie zur Grundgleichung der Mechanik. Eine Untersuchung eines herabrollenden Autos führt zur Reflexion des Bezugsniveaus bei der Höhenenergie. Die energetische Untersuchung eines elastischen Bandes als Trainingsgerät führt zum Term der Spannenergie. Damit wird die Planung eines Sprunges mit dem Bungeeseil analysiert. Diese und weitere Untersuchungen mit dem Energieerhaltungssatz werden als Bilanzierungsmethode reflektiert und führen zu vertieften Problemlösekompetenzen.

Experimentelle Hinweise

S. 54 ff.: Als Modell-Dose haben wir eine hautfarben angestrichene Tomatenmark-Dose mit einer 6 V/3 W-Lampe verwendet. Im Fließgleichgewicht ergibt sich damit eine Temperatur, die im Bereich der Körpertemperatur des Menschen liegt. Die einfachen Versuche gelingen sicher und sind daher auch als Schülerversuche geeignet.
S. 57: Eine einfache Handy-Kamera eignet sich als Nachweisgerät für kurzwellige Infrarotstrahlung.
S. 62 f.: Die Messwerte wurden im Juni 2012 mittags in Heidelberg aufgenommen.
S. 64: Normale „Rotlichtlampen" sind als Infrarotquellen ungeeignet, da der sichtbare Anteil zu groß ist. Richtige Infrarotlampen sind genauso geeignet wie das Bügeleisen.
S. 66 f: Die Messwerte wurden mit der Modell-Dose (siehe S. 54) durchgeführt. Der erste Messwert wurde mit einer (6 V/3 W)-Lampe erhalten, die anderen mit einer (6 V/30 W)-Lampe. Wenn man die Rückstrahlung der Umgebung ($\vartheta \approx 20$ °C) berücksichtigt, lässt sich die T^4-Abhängigkeit nachweisen.
S. 70 ff.: Da ein überzeugendes, fachlich korrektes Experiment zum Nachweis von CO_2 als Treibhausgas nur mit erheblichem Aufwand möglich ist, haben wir darauf verzichtet.

Seite 47 (Kannst du es noch?)

1 ▹Bild 02 zeigt einen Trampolinspringer. Nenne die auftretenden Energieformen und erstelle ein Energiekontenmodell.

Es treten Spannenergie, Bewegungsenergie und Höhenenergie auf.

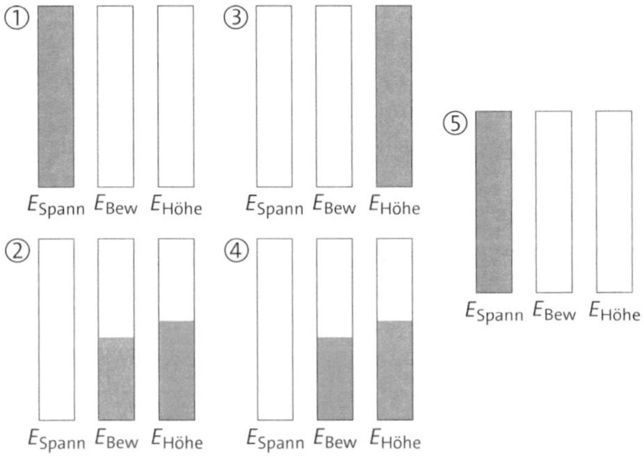

2 ▹Bild 03 zeigt einen hüpfenden Gummiball. Nenne die auftretenden Energieformen und erstelle ein Energiekontenmodell. Begründe, dass hier Energie auch in thermische Energie umgewandelt wird.

Es treten Spannenergie, Bewegungsenergie und Höhenenergie auf.

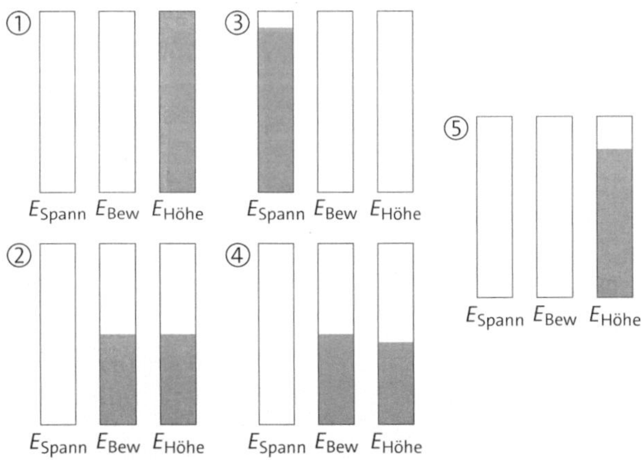

An der abnehmenden maximalen Höhe erkennen wir, dass Energie als thermische Energie an die Umgebung abgegeben wird.

3 a) Hanna sitzt mit ihrer Masse von 60 kg auf einem dünnen Ast. Berechne die Kraft, die sie dabei auf den Ast ausübt.

b) Anschließend steigt Hanna in 2 min auf einen 20 m hohen Turm. Bestimme die mechanische Leistung, die Hannas Muskeln dabei übertragen.

a) Die Kraft, die Anna auf den Ast ausübt, ist durch die Schwerkraft gegeben:

$$F = m \cdot g = 60\ \text{kg} \cdot 9{,}8\ \frac{\text{N}}{\text{kg}} = 588\ \text{N}.$$

b) Die übertragene Energie ist gegeben durch die Schwerkraft und den Höhenunterschied:

$\Delta E = F \cdot \Delta h = 588\ \text{N} \cdot 20\ \text{m} = 11\,760\ \text{J}.$

Die während 2 min übertragene Leistung ist gegeben durch:

$$P = \frac{\Delta E}{\Delta t} = \frac{11\,760\ \text{J}}{120\ \text{s}} = 98\ \text{W}.$$

4 Eine Schraubenfeder hängt mit einem Ende an der Decke. Am anderen Ende wird eine Masse von 2 kg angehängt. Dabei verlängert sich die Feder um 2 cm. Bestimme die Federkonstante.

Die Feder wird mit der Kraft $F = m \cdot g$ gedehnt:

$$F = m \cdot g = 2\ \text{kg} \cdot 9{,}8\ \frac{\text{N}}{\text{kg}} = 19{,}6\ \text{N}.$$

Die Federkonstante ist dann:

$$D = \frac{F}{\Delta s} = \frac{19{,}6\ \text{N}}{0{,}02\ \text{m}} = 980\ \frac{\text{N}}{\text{m}}.$$

5 Beim Umzug schiebt Frank einen Schrank mit einer Kraft von 200 N durch einen 10 m langen Flur. Bestimme die Energie, die er dabei auf den Schrank überträgt.

Die übertragene Energie ist gegeben durch:

$\Delta E = F \cdot \Delta s = 200\ \text{N} \cdot 10\ \text{m} = 2000\ \text{J}.$

6 ▹Bild 04 zeigt einen Stromkreis mit einer Lampe.

a) Beschreibe den Fluss elektrischer Ladungen und die Übertragung elektrischer Energie.

b) Bestimme den elektrischen Widerstand der Lampe.

c) Bestimme die auf die Lampe übertragene elektrische Leistung.

d) Bestimme die Zeit, in der eine Energie von 1 kJ übertragen wird.

e) Bestimme die Zeit, in der eine Energie von 1 kWh übertragen wird.

a) Die elektrischen Ladungen fließen im Stromkreis im Kreis: durch Quelle, Kabel, Lampe und Stromstärkemessgerät. Die Energie wird durch den elektrischen Strom von der Quelle zur Lampe übertragen und von dort in die Umgebung abgegeben.

b) Der Widerstand der Leitungen ist sehr gering. Ebenso der Widerstand des Stromstärkemessgeräts. Deshalb fällt die gesamt Spannung an der Lampe ab. Der Widerstand der Lampe ist gegeben durch:

$$R = \frac{U}{I} = \frac{6\ \text{V}}{1\ \text{A}} = 6\ \Omega.$$

c) Die auf die Lampe übertragene elektrische Leistung ist gegeben durch:

$P = U \cdot I = 6\ \text{V} \cdot 1\ \text{A} = 6\ \text{W}.$

d) Die übertragene Energie ist gegeben durch $\Delta E = P \cdot \Delta t$. Nach Δt aufgelöst, erhält man:

$$\Delta t = \frac{\Delta E}{P} = \frac{1000\ \text{J}}{6\ \text{J}}\ \text{s} \approx 167\ \text{s} = 2\ \text{min}\ 47\ \text{s}.$$

e) Für die Energie von 1 kWh benötigt man die Zeit:

$\Delta t = \frac{\Delta E}{P} = \frac{3\,600\,000 \text{ Ws}}{6 \text{ W}} = 600\,000 \text{ s} = 166 \text{ h } 40 \text{ min}.$

7 In einem weiteren Versuch wird in dem im ▹Bild 04 dargestellten Stromkreis die elektrische Quelle durch eine Quelle mit einer Spannung von 2 V ersetzt.
a) Bestimme die Stromstärke.
b) Bestimme die elektrische Energiestromstärke.
c) Bestimme die von der elektrischen Quelle übertragene elektrische Leistung.

a) Für die Stromstärke gilt:

$I = \frac{U}{R} = \frac{2 \text{ V}}{6\,\Omega} = 0{,}33 \text{ A}.$

b) Die elektrische Energiestromstärke ist gegeben durch

$P = \frac{\Delta E}{\Delta t} = U \cdot I = 2 \text{ V} \cdot 0{,}33 \text{ A} = 0{,}66 \text{ W} = 0{,}66 \frac{\text{J}}{\text{s}}.$

c) $P = U \cdot I = 2 \text{ V} \cdot 0{,}33 \text{ A} = 0{,}66 \text{ W}.$

8 In einem dritten Versuch wird in dem im ▹Bild 04 dargestellten Stromkreis die Lampe durch eine andere Lampe mit dem elektrischen Widerstand 5 Ω ersetzt. Bestimme die elektrische Stromstärke und die elektrische Energiestromstärke.

$I = \frac{U}{R} = \frac{2 \text{ V}}{5\,\Omega} = 0{,}25 \text{ A}.$

$P = \frac{\Delta E}{\Delta t} = U \cdot I = 6 \text{ V} \cdot 0{,}25 \text{ A} = 1{,}5 \text{ W} = 1{,}5 \frac{\text{J}}{\text{s}}.$

9 Herr Brauns Wasserkocher hat eine Leistung von 2400 W. Um einen Liter kaltes Wasser zum Kochen zu bringen, dauert es 2 min 45 s.
a) Berechne die aufgenommene Energiemenge in J und in kWh.
b) Herr Braun möchte Energie „sparen" und überlegt sich, seinen Kocher durch einen mit einer Leistung von 1800 W zu ersetzen. Nimm Stellung dazu.

a) Gegeben: Leistung: $P = 2400$ W, Zeitspanne: $\Delta t = 2$ min 45 s = 165 s
Gesucht: Energie: ΔE in J und kWh

$\Delta E = P \cdot \Delta t = 2400 \frac{\text{J}}{\text{s}} \cdot 165 \text{ s} = 396\,000 \text{ J} = 396 \text{ kJ}.$

$1 \text{ kJ} = \frac{1}{3600}$ kWh, also gilt:

$\Delta E = 396 \text{ kJ} = 396 \cdot \frac{1}{3600} \text{ kWh} = 0{,}11 \text{ kWh}.$

b) Die „Sparmaßnahme" wird nichts bringen. Um einen Liter kaltes Wasser zum Kochen zu bringen, ist eine bestimmte Energiemenge nötig. Bei geringerer Leistung dauert es entsprechend länger, das Wasser zu erhitzen.

10 Auf dem Akku eines Smartphones stehen folgende Angaben: 1000 mAh; 3,7 V.
a) Kläre die Bedeutung dieser Angaben und bestimme die im Akku gespeichert Energiemenge.
b) Der Akku ist nach etwa 2,5 Stunden aufgeladen. Bestimme den Ladestrom.
c) Berechne die Energiestromstärke beim Aufladen.

a) Die Angabe 1000 mAh = 1000 mA · 1 h bedeutet, dass der Akku z. B. eine Stunde lang einen Strom der Stärke 1000 mA liefert. Die Angabe 3,7 V gibt die Spannung an, die der Akku dabei hat.

b) Gegeben: Ladezeit 2,5 h, Speicherkapazität des Akkus 1000 mAh
Gesucht: Ladestromstärke

$I = \frac{1000 \text{ mAh}}{2{,}5 \text{ h}} = 400 \text{ mA}.$

c) Gegeben: Speicherkapazität des Akkus 1000 mAh, Spannung 3,7 V
Gesucht: Energiestromstärke

$\Delta E = P \cdot \Delta t = U \cdot I \cdot \Delta t$
$= 3{,}7 \text{ V} \cdot 1000 \text{ mA} \cdot 1 \text{ h}$
$= 3{,}7 \text{ V} \cdot 1 \text{ A} \cdot 3600 \text{ s} = 13\,320 \text{ J}$

$\frac{\Delta E}{\Delta t} = \frac{13\,320 \text{ J}}{2{,}5 \cdot 3600 \text{ s}} = 1{,}48 \text{ W}.$

1 Mechanische Energieübertragung

Höhen- und Bewegungsenergie

Seite 50

1 Ein Auto mit der Masse 1500 kg fährt auf einen Bergpass und steigert dabei seine Höhe um 1000 m. Berechne die Zunahme der Höhenenergie.

Gegeben: die Masse des Autos $m = 1500$ kg, Höhenunterschied $\Delta h = 1000$ m
Gesucht: Zunahme der Höhenenergie.

$\Delta E = m \cdot g \cdot \Delta h = 1500 \text{ kg} \cdot 9{,}8 \frac{\text{N}}{\text{kg}} \cdot 1000 \text{ m}$
$= 14\,700\,000 \text{ J} = 14{,}7 \text{ MJ}.$

2 Ein Auto mit der Masse 1500 kg beschleunigt von 0 km/h auf 108 km/h in 8 s. Berechne die Zunahme der Bewegungsenergie und die Leistung.

Gegeben: Masse $m = 1500$ kg, Geschwindigkeitsänderung $\Delta v = 108$ km/h = 30 m/s, Beschleunigungsdauer: $\Delta t = 8$ s
Gesucht: Zunahme der Bewegungsenergie, Leistung

$\Delta E = 0{,}5 \cdot m \cdot (\Delta v)^2 = 0{,}5 \cdot 1500 \text{ kg} \cdot (30 \text{ m/s})^2$
$= 675\,000 \text{ J}.$

$P = \frac{\Delta E}{\Delta t} = \frac{675\,000 \text{ J}}{8 \text{ s}} = 84\,375 \text{ W}$

3 Ein Flugzeug mit der Masse 500 t steigt auf 10 000 m Höhe und nutzt dabei 10 MJ an Energie je Liter Kerosin. Berechne den Kerosinverbrauch.

Gegeben: Masse $m = 500\,000$ kg, Höhenunterschied $\Delta h = 10\,000$ m, Verbrauch E je Liter $E = 10$ MJ/ℓ

Gesucht: Kerosinverbrauch

Die Energieänderung des Flugzeugs beträgt:

$$\Delta E = m \cdot g \cdot \Delta h = 500\,000 \text{ kg} \cdot 9{,}8 \frac{\text{N}}{\text{kg}} \cdot 10\,000 \text{ m}$$

$$= 49\,000\,000\,000 \text{ J} = 49\,000 \text{ MJ}.$$

Daraus berechnen wir den Kerosinverbrauch V zu:

$$V = \frac{\Delta E}{E} = \frac{49\,000 \text{ MJ}}{10 \frac{\text{MJ}}{\ell}} = 4900\ \ell.$$

In einer Flüssigkeit befinden sich die Teilchen ebenfalls eng beieinander. Sie sind aber gegeneinander verschiebbar. Daraus resultiert eine im Allgemeinen etwas kleinere Dichte. Es gibt aber auch Flüssigkeiten, die eine sehr große Dichte haben, z. B. Quecksilber.

In einem Gas haben die Teilchen große Abstände untereinander ohne jeden Zusammenhalt. Deshalb ist die Dichte von Gasen viel geringer als bei Festkörpern und Flüssigkeiten.

Seite 52

1 Die maximale elektrische Leistung des Windrads beträgt 7,5 MW. Berechne den maximal möglichen Wirkungsgrad.

Die mit der Luft zugeführte Energie beträgt:

$$E_{zu} = \frac{1}{2} m \cdot v^2.$$

Die vom Windrad genutzte Luftmasse beträgt:

$^2/_3\, m.$

Die Luft wird nicht auf $v = 0$ m/s sondern nur auf $^1/_3\, v$ abgebremst. Daraus erhalten wir für die genutzte Windenergie:

$$E_{nutz} = \frac{1}{2} \cdot \frac{2}{3} m \cdot v^2 - \frac{1}{2} \cdot \frac{2}{3} m \cdot \left(\frac{1}{3} v\right)^2$$

$$= \frac{1}{2} \cdot m \cdot v^2 \cdot \left(\frac{2}{3} - \frac{2}{3} \cdot \frac{1}{9}\right)$$

$$= \frac{1}{2} \cdot m \cdot v^2 \cdot \frac{16}{27}.$$

Der maximale Wirkungsgrad des Windrades ist also:

$$\eta = \frac{E_{nutz}}{E_{zu}} = \frac{16}{27} = 59\ \%$$

Seite 53 (Material)

Versuche – Mechanische Energieübertragung

V1 Bremskraft

Hinweise: Das Fahrrad sollte vor dem Bremsbeginn bereits eine Weile mit konstanter Geschwindigkeit fahren, damit Schwankungen in der Anfangsgeschwindigkeit reduziert werden. Die Bremse sollte vor dem Bremsbeginn bereits so weit angezogen werden, dass sie gerade nicht bremst, damit die Ansprechzeit der Bremse minimiert wird – das ist nicht nötig, wenn man mit einem Smartphone die Beschleunigung misst.

Typische Messwerte und Ergebnisse:

a) Geschwindigkeit: $v = 25$ km/h ≈ 7 m/s, Bremsstrecke: $s = 10$ m

b) Masse von Fahrrad mit Fahrerin oder Fahrer: $m = 70$ kg

Bewegungsenergie:

$$E_{Bew} = 0{,}5\, m \cdot v^2 = 0{,}5 \cdot 70 \text{ kg} \cdot 49 \frac{\text{m}^2}{\text{s}^2} = 1715 \text{ J}$$

c) $E_{Bew} = F \cdot s \;|: s$

$$F = \frac{E_{Bew}}{s} = \frac{1715 \text{ Nm}}{10 \text{ m}} = 171{,}5 \text{ N}$$

d) gemessene Bremsstrecke $s = 5$ m

$$F = \frac{E_{Bew}}{s} = \frac{1715 \text{ Nm}}{5 \text{ m}} = 343 \text{ N}$$

V2 Spannenergie

Hinweise: Besonders gut funktioniert der Versuch, wenn man die Feder eine lange Stange hochspringen lässt, die die Feder nicht verlassen kann. Dann geht die Feder nicht verloren.

Typische Messwerte und Ergebnisse:

a) Sprunghöhe der Feder: $h = 30$ cm

b) Masse der Feder: $m = 0{,}1$ g

$$E_{Höhe} = m \cdot g \cdot h = 0{,}0001 \text{ kg} \cdot 9{,}8 \frac{\text{N}}{\text{kg}} \cdot 0{,}3 \text{ m} = 0{,}000\,294 \text{ J}$$

c) Die zusammengedrückte Feder hat Spannenergie. Die Feder hat im höchsten Punkt Höhenenergie. Wegen der Energieerhaltung sind beide Energiebeträge gleich.

d) Tabelle und Graph:

s in m	*h* in m	*E* in J
0,010	0,30	0,0002940
0,015	0,60	0,0005880
0,005	0,07	0,0000686
0,008	0,18	0,0001764
0,003	0,03	0,0000294

s-*E*-Diagramm:

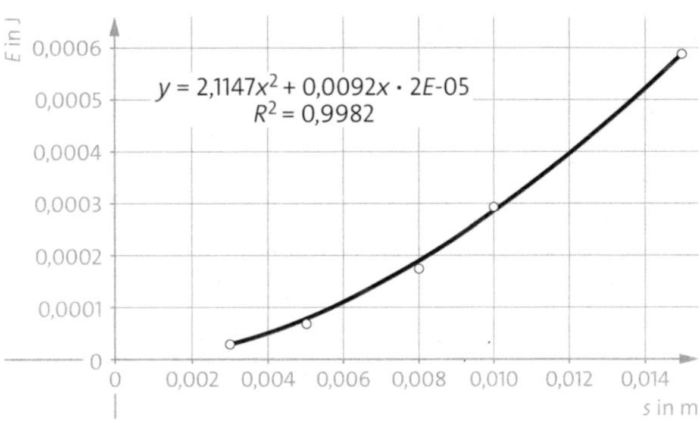

e) Regression: siehe ▹Bild oben

Material A – Kraft und Energie

A1 Die Bahn in ▹Bild 05 hat eine Masse von 8000 kg. Bestimme die Kraft, mit der die Bahn gerade nach oben gezogen werden kann.

Am Foto erkennen wir: Auf 10 m waagerechte Strecke steigt die Strecke etwa um 3 m an.

Zunahme an Höhenenergie:

$$\Delta E_{\text{Höhe}} = m \cdot g \cdot \Delta h = 8000\text{ kg} \cdot 9{,}8\,\frac{\text{N}}{\text{kg}} \cdot 3\text{ m} = 235\,200\text{ J}$$

Die zugeführte Energie ist: $\Delta E = F \cdot \Delta s = \Delta E_{\text{Höhe}}$.

Division mit Δs ergibt:

$$F = \frac{\Delta E_{\text{Höhe}}}{\Delta s} = \frac{235\,200\text{ J}}{10\text{ m}} = 23\,520\text{ N}.$$

A2 a) Die durch das Windrad im ▹Bild 02 strömende Luft gibt auf einer 10 m langen Strecke die Energie 5,2 MJ ab. Berechne die Kraft, die das Windrad dabei auf die Luft ausübt.

b) Die Luft übt auf das Windrad eine gleich große Kraft aus. Begründe.

c) Begründe an dem Beispiel folgende Regel: Wenn auf einen Körper mit einer Geschwindigkeit $\vec{v}$ eine Kraft $\vec{F}$ in zu $\vec{v}$ entgegengesetzter Richtung ausgeübt wird, dann gibt der Körper die Leistung $P = v \cdot F$ ab.

a) Gegeben: $\Delta E = 5{,}2$ MJ, $\Delta s = 10$ m

Gesucht: Kraft F

Es gilt: $\Delta E = F \cdot \Delta s$. Division mit Δs liefert:

$$F = \frac{\Delta E}{\Delta s} = \frac{5\,200\,000\text{ J}}{10\text{ m}} = 520\,000\text{ N}.$$

b) Nach dem Wechselwirkungsprinzip übt die Luft auf das Windrad eine Gegenkraft vom gleichen Betrag aus.

c) Auf die Luft mit der Geschwindigkeit 10 m/s wird durch das Windrad eine Kraft von 520 kN ausgeübt. Dabei wird eine Leistung

$$P = \frac{\Delta E}{\Delta t} = \frac{5{,}2\text{ MJ}}{1\text{ s}} = 5{,}2\text{ MW übertragen.}$$

Diese Leistung erhalten wir auch so:

$P = F \cdot v = 520\text{ kN} \cdot 10\text{ m/s} = 5{,}2\text{ MW}.$

2 Thermische Energieübertragung

Konvektion, Wärmeleitung und Strahlung

Seite 55

1 Um die Körpertemperatur konstant zu halten, darf man im Winter wenig Energie an die Umgebung abgeben, im Sommer viel. Nenne hierfür verschiedene Möglichkeiten.

Im Winter geschieht dies vor allem durch passende Kleidung, wie dick gefütterte Jacken, Handschuhe, Schal, Mütze usw. mit Daunen, Wolle oder Fleece, aber auch winddichte Jacken (z. B. Softshell), um die Konvektion zu behindern. Zudem sollte man keine kalten Körper berühren, die leichter thermisch Energie aufnehmen als Luft, wie z. B. Wasser oder Metalle.

Im Sommer trägt man leichte Kleidung, um die Energieabgabe nicht zu hemmen. Wind oder durch Ventilatoren erzeugte Luftströmung transportieren die vom Körper erwärmte Luft ab. Durch Schwitzen, feuchte Tücher, kaltes Wasser kann man zusätzlich Energie abgeben.

Seite 57

1 a) Erkläre, wie eine Rettungsdecke die Energieabgabe verhindert.

b) Wetterstationen messen Temperaturen immer nur im Schatten. Erläutere.

a) Die Rettungsdecke reflektiert die vom Körper ausgesendete Infrarotstrahlung, sodass durch diese keine Energie abgegeben werden kann.

b) Körper, die nicht im Schatten sind, nehmen durch die elektromagnetische Strahlung von der Sonne zusätzlich Energie auf, sodass sie eine höhere Temperatur haben als ihre Umgebung. Um die Ergebnisse verschiedener Wetterstationen unabhängig vom Wetter vergleichen zu können, misst man daher die Lufttemperatur im Schatten.

2 Wenn man barfuß über Steinfliesen läuft, scheinen diese kälter zu sein als z. B. Teppichboden. Erkläre.

In der Regel ist der Boden kälter als die Fußsohle, d. h. der Fuß gibt Energie thermisch an den Boden ab. Da Stein ein besserer Wärmeleiter ist als Stoff (im Teppich zudem mit Lufteinschlüssen), wird diese übertragene Energie von der Trittstelle im Stein besser verteilt, sodass die Trittstelle sich nicht so stark erwärmt wie beim Teppich. Die Steinfliesen fühlen sich daher kälter an.

3 a) Wasser ist ein schlechter Wärmeleiter. Trotzdem friert man in kaltem Wasser sehr schnell. Löse diesen scheinbaren Widerspruch auf.

b) Zur Wärmedämmung werden aufwendige Doppelglasfenster eingesetzt. Wäre es nicht leichter, einfach ein dickeres Fensterglas zu nehmen? Erläutere.

a) Hier spielen zwei Einflüsse eine Rolle:

Zum einen sind die Dichte und die Wärmekapazität von Wasser wesentlich größer als die von Luft. Dadurch kann das gleiche Wasservolumen wesentlich mehr Energie aufnehmen als Luft (etwa 4000-mal so viel!).

Zum anderen kommt es im Wasser zur Konvektion, sodass die Energie schnell wegtransportiert wird.

b) Luft ist als Gas ein sehr schlechter Wärmeleiter, Glas leitet die Energie viel besser. Durch das Einschließen der Luft zwischen den beiden Scheiben verhindert man die Konvektion, die sonst die Wärmedämmung durch Luft zunichte macht.

Seite 59 (Material)

Versuche – Thermische Energieübertragung bei deiner Hand

V1 Kalt oder warm?

a) Wasser und Metall fühlen sich kälter an als Holz und Wolle.

b) Metalle sind bessere Wärmeleiter als die anderen Stoffe. Dadurch wird die übertragene Energie im Metall besser verteilt, sodass sich die angefasste Stelle nicht so stark erwärmt und sich daher kälter anfühlt.

c) Im Wasser kommt es zur Konvektion, sodass die Energie schnell wegtransportiert wird. Zudem ist Wasser eine Flüssigkeit, sodass die Berührfläche größer ist.

V2 Die eingepackte Hand

a) Auf der Innenseite des Gefrierbeutels bilden sich kleine Wassertröpfchen und es wird wärmer.

b) Über die Poren verdunstet auf der Haut Wasserdampf. Im Beutel steigt dadurch die Luftfeuchtigkeit so weit, dass das Wasser auf der Innenseite des Gefrierbeutels kondensiert. Durch das Verdunsten gibt dein Körper Energie ab.

c) „Atmungsaktiv“ ist Kleidungsmaterial, wenn es für Wasserdampf durchlässig ist, sodass das Wasser nicht wie beim Gefrierbeutel auf der Innenseite kondensiert. „Wasserdicht“ ist es, wenn es für flüssiges Wasser (wie Regen) undurchlässig ist.

d) Die spezifische Verdampfungswärme von Wasser beträgt 2260 kJ/kg = 2,26 MJ/kg. Da Wasser eine Dichte von 1,0 g/cm^3 hat, ist 2,26 MJ die Energie, die benötigt wird, um einen Liter Wasser zu verdunsten. Da der Wirkungsgrad beim Schwitzen nicht 1 ist, wird tatsächlich etwas mehr Energie benötigt.

V3 Die silberne Hand

a) In der Folie fühlt es sich wärmer an.

b) Die Aluminiumfolie reflektiert die Infrarotstrahlung der Hand, sodass die Energie nicht mehr so leicht an die Umgebung abgegeben werden kann.

c) Der eingewickelte Eiswürfel schmilzt langsamer, da die Strahlung von der Umgebung durch die Aluminiumfolie reflektiert wird, sodass der Eiswürfel nicht so viel Energie von der Umgebung aufnehmen kann.

d) Der in Wolle eingewickelte Eiswürfel schmilzt langsamer, da die Wolle die Energieaufnahme des Eiswürfels aus der Umgebung behindert.

Material A – Die Thermosflasche

A1 In einer Thermosflasche bleibenTee oder Kaffee stundenlang heiß. Die Flasche ist so aufgebaut, dass Konvektion, Wärmeleitung und Strahlung möglichst effizient verhindert werden. Erläutere anhand von ▹Bild 03, wie dies geschieht.

Strahlung: Die verspiegelte Innenfläche reflektiert die Strahlung des Tees bzw. Kaffees.

Konvektion: Der abgeschlossene Innenraum aus Gefäß und Verschluss verhindert die Konvektion.

Wärmeleitung: Da im Innern des doppelwandigen Gefäßes ein Vakuum ist, kann es dort nicht zur Wärmeleitung kommen. Im Raum zwischen Glasgefäß und Kunststoffhülle ist Luft eingeschlossen, die ein schlechter Wärmeleiter ist. Das gilt auch für Kunststoff und Kork.

Material B – Konvektion weltweit: Der Golfstrom

B1 a) Vergleiche die mittlere Temperatur und die geografische Breite von New York, Berlin und Lissabon. Erkläre die Unterschiede.

b) Im Golfstrom bewegen sich in der Sekunde etwa 1,5 · 10^8 m^3 Wasser. Er überträgt dadurch Energie mit einer Leistung von ca. 3 · 10^{15} W nach Norden. Berechne, wie stark sich das Wasser im Golfstrom dabei abkühlt.

a) New York: 12,5 °C; 41 °N,
Berlin: 8,9 °C; 53 °N
Lissabon: 17,1 °C; 39 °N

Lissabon hat die kleinste Entfernung zum Äquator. Der Sonnenstand ist dort im Jahresmittel am höchsten und dadurch wird durch die elektromagnetische Strahlung am meisten Energie aufgenommen. Die Durchschnittstemperatur ist daher dort am höchsten.

Obwohl New York nicht viel weiter nördlich liegt als Lissabon (220 km), ist die Durchschnittstemperatur dort deutlich geringer (4,6 K). Das liegt daran, dass der Golfstrom Energie von der Ostküste Amerikas nach Westeuropa transportiert, sodass es dort bei gleichem Breitengrad wesentlich wärmer ist.

Berlin liegt 1300 km nördlich von New York, die Durchschnittstemperatur ist aber nur 3,6 K niedriger. Auch hier zeigt sich noch der Einfluss des Golfstroms, obwohl Berlin weit vom Atlantik entfernt ist.

b) 1,5 · 10^8 m^3 Wasser haben eine Masse von 1,5 · 10^{11} kg. Bei einer Leistung von 3 · 10^{15} W überträgt der Golfstrom in einer Sekunde 3 · 10^{12} kJ. Es gilt:
$\Delta E = c \cdot m \cdot \Delta T$ und nach ΔT aufgelöst:

$$\Delta T = \frac{\Delta E}{c \cdot m} = \frac{3 \cdot 10^{12}\,\text{kJ}}{4{,}2\,\frac{\text{kJ}}{\text{kg} \cdot \text{K}} \cdot 1{,}5 \cdot 10^{11}\,\text{kg}} = 5\ \text{K}.$$

Das Wasser des Golfstroms kühlt sich um 5 K ab.

B2 a) Beschreibe mit ▹Bild 04, was mit dem Wasser des Golfstroms geschieht, nachdem es den Nordatlantik erreicht hat.

b) Das Wasser der Tiefenströmungen hat eine größere Dichte als das in den Strömungen nahe der Wasseroberfläche. Erkläre.

c) Die Dichte von Meerwasser hängt vom Salzgehalt und der Temperatur des Wassers ab. Erläutere.

d) Das Wasser des Golfstroms ist r elativ salzhaltig, gelangt aber erst bei Grönland in die Tiefe. Begründe.

a) Im Nordatlantik sinkt das dann kalte Wasser ab und strömt entlang der Küste Amerikas als Tiefenströmung Richtung Antarktis.

b) Wenn das Wasser der Tiefenströmungen eine kleinere Dichte hätte als das darüber liegende Wasser, gäbe es eine Auftriebskraft, die das Wasser der Tiefenströmungen nach oben drücken würde.

c) Durch eine höhere Temperatur kommt es beim Wasser (ab 4 °C) zur thermischen Ausdehnung, sodass die Dichte kleiner ist, wenn das Wasser wärmer ist. Wenn Salz in Wasser gelöst wird, nimmt dadurch das Volumen der Lösung praktisch nicht zu, wohl aber ihre Masse. Daher nimmt die Dichte des Wassers mit seinem Salzgehalt zu.

d) Beim Erwärmen des Wassers nahe des Äquators verdampft ein Teil des Wassers des Golfstroms, sodass es verglichen mit dem Wasser des Nordatlantiks mehr Salz enthält. Da das Wasser des Golfstroms zunächst eine relativ hohe Temperatur hat, hat es eine kleinere Dichte als das Wasser des Nordatlantiks und bleibt daher zunächst an der Oberfläche. Durch die Abkühlung nimmt die Dichte des Wassers des Golfstroms immer mehr zu, bis es aufgrund seines relativ hohen Salzgehalts vor Grönland absinkt.

Seite 61

1 Weise durch eine entsprechende Rechnung nach, dass der adiabatische Temperaturgradient den im Text angegebenen Wert hat.

Beim Aufsteigen von 1 kg Luft um 100 m nimmt ihre Höhenenergie zu:

$$\Delta E = m \cdot g \cdot h = 1\ \text{kg} \cdot 9{,}8\ \frac{\text{N}}{\text{kg}} \cdot 100\ \text{m} = 1\ \text{kJ}.$$

Die innere Energie der Luft nimmt um diese 1 kJ ab: Nach $\Delta E = c \cdot m \cdot \Delta T$ ergibt sich für ΔT:

$$\Delta T = \frac{\Delta E}{c \cdot m} = \frac{1\ \text{kJ}}{1\frac{\text{kJ}}{\text{kg}\cdot\text{K}} \cdot 1\ \text{kg}} = 1\ \text{K}.$$

2 Bei Inversionswetterlagen nimmt die Schadstoffbelastung in Städten stark zu. Erläutere.

Bei der normalen Temperaturverteilung werden die Schadstoffe bei der selbsttätigen Konvektion aus den Städten abtransportiert und in einem größeren Bereich der Atmosphäre verteilt. Die Schadstoffkonzentration nimmt dadurch in der Regel so weit ab, dass sie nicht mehr gesundheitsgefährdend ist. Bei Inversionswetterlagen kommt die selbsttätige Konvektion zum Erliegen (vgl. S. 60) und die Schadstoffe verbleiben in dem Bereich der Atmosphäre, in dem sie erzeugt werden. Vor allem durch Verkehr und Industrie sind daher meistens die Städte belastet.

3 ▹Bild 06 zeigt die Temperaturverteilung in derErdatmosphäre.

a) Beschreibe die Verteilung.

b) In welchem Bereich gilt der adiabatische Temperaturgradient?

c) Die Atmosphäre ist in Höhe der Ozonschicht und auf der Erdoberfläche etwa gleich warm. Die Luftschicht dazwischen ist kälter. Offensichtlich kommt es nicht zu einem Temperaturausgleich. Erläutere.

a) In der Nähe des Erdbodens liegt die Temperatur bei etwa +10 °C. Sie nimmt bis in etwa 20 km Höhe auf –50 °C ab. Bis 55 km Höhe steigt sie wieder auf –10 °C, um danach wieder bis auf –80 °C bei 80 km Höhe abzusinken. Die anschließende Temperaturzunahme in größeren Höhen ist aufgrund der geringen Dichte der Luft in diesem Bereich schwer zu interpretieren.

b) Mit dem adiabatischen Temperaturgradienten nimmt die Temperatur auf 10 km Höhe um 100 K ab. Das ist nur einige Kilometer über dem Erdboden in der unteren Troposphäre der Fall.

c) In der Troposphäre kommt es durch die selbsttätige Konvektion zur Temperaturabnahme. Die Ozonschicht absorbiert die Ultraviolettstrahlung von der Sonne und nimmt dadurch Energie auf, sodass ihre Temperatur steigt. Diese kann sie aber kaum an die unteren Luftschichten abgeben, da es wie bei der Inversionswetterlage zu einer stabilen Temperaturschichtung kommt, die die Konvektion „nach unten" verhindert.

4 a) In Deutschland kann es keine Hurrikane geben. Erkläre.

b) Auf der Südhalbkugel gibt es auch Wirbelstürme, nicht aber auf dem Äquator. Begründe.

a) Hurrikane können nur über dem Meer entstehen. Wenn überhaupt, können also nur Küstenregionen betroffen sein. Zudem ist die Entstehung eines Hurrikans nur möglich, wenn die Wassertemperatur mindestens 26 °C beträgt. Das gibt es nur in den Tropen.

b) Der Wirbel eines Wirbelsturms entsteht erst durch den Coriolis-Effekt. Beim Coriolis-Effekt werden bewegte Körper auf der Nordhalbkugel nach rechts abgelenkt, auf der Südhalbkugel nach links. Daher gibt es auf dem Äquator keine Ablenkung und es kann sich kein Wirbel ausbilden.

Energie von der Sonne

Seite 63

1 Ein typisches Kohlekraftwerk hat eine Leistung von 875 MW. Wie viele solcher Kraftwerke würden benötigt, um die Leistung von 1,75 · 10¹⁷ W zu erbringen?

Die Anzahl ergibt sich, wenn man die Gesamtleistung durch die Leistung eines Kraftwerks dividiert:

$$\frac{1{,}75 \cdot 10^{17}\ \text{W}}{875 \cdot 10^{6}\ \text{W}} = 2 \cdot 10^{8}.$$

Man benötigte 200 Millionen Kraftwerke.

2 Berechne aus den Werten in ▹Tabelle 04 jeweils die Zunahme der inneren Energie des Würfels. Benutze die Tabellen im Anhang.

Aus den Tabellen werden benötigt:
Dichte von Aluminium: $\rho = 2{,}70\ \text{g/cm}^3$
spezifische Wärmekapazität von Aluminium (S. 33):
$c = 0{,}9\ \text{kJ/(kg} \cdot \text{K)}$

Weitere Daten:
Kantenlänge des Aluminiumwürfels: $a = 4{,}0\ \text{cm}$
Volumen des Würfels: $V = a^3 = 64\ \text{cm}^3$

Für die Masse des Aluminiumwürfels ergibt sich:
$m = \rho \cdot V = 2{,}70\ \text{g/cm}^3 \cdot 64\ \text{cm}^3 = 172{,}8\ \text{g}$.

Für die Zunahme der inneren Energie gilt:
$\Delta E = c \cdot m \cdot \Delta T$.

t in s	0	100	200	300	400
ϑ in °C	27,4	28,2	29,3	30,2	31,0
ΔT in K	0	0,8	1,9	2,8	3,6
ΔE in J	0	124	295	435	560

Das entspricht den in Bild 05 eingetragenen Werten.

Seite 64

1 Solarkollektoren sind in der Regel schwarz beschichtet. Erkläre.

Schwarze Oberflächen absorbieren sichtbares Licht und Infrarotstrahlung besser als helle und reflektierende Oberflächen. Dadurch wird mehr Energie von der Sonnenstrahlung aufgenommen.

2 Niklas sagt: „Je länger man die Temperatur beim Alu-Würfel misst, desto besser ist der Wert für die Solarkonstante.“ Äußere dich.

Das ist so nicht richtig: Wenn die Temperatur des Würfels höher ist als die der Umgebung, dann gibt der Würfel thermisch Energie ab. Je größer der Temperaturunterschied ist, desto mehr Energie gibt er ab, bis er schließlich im Fließgleichgewicht ist. Der Verlauf über längere Zeit wäre ähnlich wie beim Diagramm S. 64, Bild 03: Nur am Anfang ist der Temperaturunterschied so klein, dass man die Energieabgabe vernachlässigen und man aus dem linearen Anstieg die Leistung und damit die Solarkonstante berechnen kann (siehe S. 63). Danach wird die Temperaturzunahme immer kleiner, sodass es nicht mehr sinnvoll ist, eine Ausgleichsgerade zu zeichnen. Deren Steigung und damit der Wert für die Solarkonstante wären zu klein.

Seite 65 (Material)

Versuche – Infrarotstrahlung und sichtbares Licht – ähnlich oder anders?

V1 Schwarz und Weiß

a) Man spürt auch ohne Berührung, dass das schwarze Papier warm geworden ist.
b) Das weiße Papier fühlt sich kaum wärmer an.
c) Das schwarze Papier ist kaum warm geworden.
d) Das schwarze Papier absorbiert das sichtbare Licht und die Infrarotstrahlung von der Lampe sehr gut und nimmt dabei thermisch Energie auf. Da das Papier nun wärmer ist als die Umgebung, gibt es durch Infrarotstrahlung Energie ab. Das spürt man an der Wange.
Das weiße Papier streut das sichtbare Licht und die Infrarotstrahlung fast ganz, sodass es kaum Energie durch die Strahlung aufnimmt. Da seine Temperatur kaum steigt, fühlt es sich nicht so warm an wie das schwarze Papier.
Die Glasplatte ist für sichtbares Licht durchsichtig, absorbiert aber die Infrarotstrahlung. Diese macht den größten Teil der von der Lampe ausgehenden Strahlung aus. Da die Platte mit der Infrarotstrahlung auch die Energie aufnimmt, kommt davon weniger beim schwarzen Papier an. Seine Temperatur nimmt daher kaum zu.

V2 Das Infrarot-Bügeleisen

a) Je nach Fabrikat und Einstellung ca. 10 cm bis 20 cm.
b) Es ist kaum ein Unterschied zwischen schwarzem und weißem Papier zu spüren. Mit der Glasplatte werden die Papiere kaum wärmer.
c) Licht und Infrarotstrahlung können Energie übertragen. Es gibt Oberflächen, die sichtbares Licht und Infrarotstrahlung absorbieren (wie das schwarze Papier), aber auch Oberflächen, die Licht streuen und Infrarotstrahlung absorbieren (wie das weiße Papier). Es gibt Körper (wie die Glasplatte), die für sichtbares Licht durchsichtig sind, aber Infrarotstrahlung absorbieren.

Material A – Wolken und Sonne

A1 a) ▹Bild 06 zeigt die Erde vom Weltall aus gesehen. Wolken, Ozeane, Wüsten und Gebiete mit Vegetation sehen verschieden hell aus. Wo wird mehr Energie von der Sonne aufgenommen, wo wird viel Strahlung reflektiert? Erkläre.
b) Man hört häufig: „Die Sonne ist am Äquator stärker als in Deutschland." Was ist damit gemeint?
c) Erkläre: Wenn es nachts bewölkt ist, kühlt es weniger ab, als wenn es klar ist. Erkläre, welche W irkung Wolken tagsüber haben.

a) Viel Energie wird vor allem von Ozeanen und Gebieten mit dichter Vegetation aufgenommen, da sie relativ dunkel sind. Am besten wird die Strahlung von Wolken und von Eisflächen gestreut, da sie praktisch weiß sind.
b) Die Strahlungsintensität ist am Äquator größer, da die Sonnenstrahlung dort steiler auf die Erdoberfläche trifft.
c) Nachts streuen die Wolken die Infrarotstrahlung von der Erdoberfläche wieder zurück. Ohne Wolken würde sie direkt in den Weltraum gelangen und damit auch die Energie, sodass es ohne Wolken auf der Erdoberfläche kälter wird.

A2 In einem Experimentierbuch steht: „Wie stark scheint die Sonne? Finde es heraus: Lass die Sonne senkrecht auf eine Wange scheinen (▹Bild 07). Nähere der anderen Wange eine Glühlampe mit bekannter Leistung, bis sich beide Wangen gleich warm anfühlen. Miss den Abstand zwischen Wange und Glühwendel." So kann man tatsächlich die Solarkonstante bestimmen! Erkläre. Führe die Messung durch.

Wenn man annimmt, dass die Glühlampe ihre Energie in alle Richtungen gleichermaßen abstrahlt, dann verteilt sich die Energie im Abstand r auf eine Kugeloberfläche mit dem Flächeninhalt $A = 4\,\pi\,r^2$. Bei bekannter Leistung kann man daher die Strahlungsintensität S der Glühlampe auf der Wange berechnen:

$$S = \frac{P}{A} = \frac{P}{4\,\pi\,r^2}.$$

Die Wangen reagieren sehr empfindlich auf Unterschiede der Strahlungsintensität. Wenn die Wangen sich gleich warm anfühlen, dann ist die Strahlungsintensität auf beiden Seiten gleich groß und die eben berechnete Strahlungsintensität entspricht der Solarkonstante.

Der Energiehaushalt der Erde

Seite 67

1 Im Experiment wird nur die aufgenommene Leistung gemessen, aber dann eine Aussage über die abgegebene Leistung gemacht. Erkläre, warum dies möglich ist.

Die Dose befindet sich im Fließgleichgewicht. Daher sind aufgenommene und abgegebene Leistung gleich groß.

2 Berechne die Leistung, die die Erde bei einer Temperatur von 15 °C eigentlich abgeben müsste.

Es gilt:

$$\frac{P}{A} = S = \sigma \cdot T^4.$$

Nach P aufgelöst ergibt:

$$P = A \cdot \sigma \cdot T^4 = 4\,\pi \cdot R_E^{\,2} \cdot \sigma \cdot T^4$$
$$= 4\,\pi \cdot (6{,}37 \cdot 10^6\ \mathrm{m})^2 \cdot 5{,}67 \cdot 10^{-8}\ \frac{\mathrm{W}}{\mathrm{m}^2 \cdot \mathrm{K}^4} \cdot (288\ \mathrm{K})^4$$
$$\approx 200 \cdot 10^{15}\,\mathrm{W}.$$

3 a) Berechne die Temperatur auf der Erde, wenn keine Reflexion vorhanden wäre.
b) Angenommen, der Anteil der reflektierten Strahlung wird kleiner (größer) als er zurzeit ist. Welche Auswirkungen hat dies auf die Temperatur der Erde? Erläutere.

a) Die gesamte Strahlungsleistung von $175 \cdot 10^{15}$ W muss wieder abgestrahlt werden. Es gilt:

$$S = \frac{P}{A} = \frac{175 \cdot 10^{15}\ \mathrm{W}}{4\pi \cdot (6{,}37 \cdot 10^6\ \mathrm{m})^2} = 343\ \frac{\mathrm{W}}{\mathrm{m}^2}.$$

Damit ergibt sich für die Temperatur:

$$T = \sqrt[4]{\frac{S}{\sigma}} = \sqrt[4]{\frac{343\frac{\mathrm{W}}{\mathrm{m}^2}}{5{,}67 \cdot 10^{-8}\ \frac{\mathrm{W}}{\mathrm{m}^2 \cdot \mathrm{K}^4}}} \approx 279\ \mathrm{K} = 6\ °\mathrm{C}.$$

b) Wenn der Anteil der direkt reflektierten Strahlung kleiner ist, dann ist die von der Erde absorbierte Leistung größer. Da sich die Erde im Fließgleichgewicht befindet, ist die abgegebene Leistung auch größer. Daher steigt aufgrund des Gesetzes von STEFAN und BOLTZMANN die Temperatur auf der Erde. Entsprechend nimmt die Temperatur ab, wenn der reflektierte Anteil größer ist.

Seite 69

Versuche – Ein Modell-Experiment für den Energiehaushalt der Erde

V1 Temperatur und Leistung
a) Je stärker der Wasserhahn aufgedreht wird, desto höher ist der Wasserstand.

b) Die Wasserhöhe entspricht der Temperatur. Das zu- bzw. abfließende Wasser entspricht der aufgenommenen bzw. abgegebenen Leistung.

V2 Gehemmter Abfluss

a) Der Wasserstand steigt. Wenn der Becher nicht überläuft, stellt sich ein neues Fließgleichgewicht ein, d. h. es fließt genauso viel Wasser ab wie zu.

b) Wenn die Energieabgabe gehemmt wird, dann steigt dadurch die Temperatur der Erde.

V3 Treibhauseffekt

a) Der Wasserstand steigt. Wenn der Becher nicht überläuft, stellt sich ein neues Fließgleichgewicht ein, bei gleichem Zulauf allerdings mit höherem Wasserstand als bei V2, da zusätzlich ein Teil des abgeflossenen Wassers wieder in den Becher gekippt wird.

b) Der zweite Becher entspricht der Atmosphäre: Sie nimmt einen Teil von der Erde abgegebenen Energie auf und gibt ihn teilweise wieder an die Erde zurück. Dadurch steigt die Temperatur auf der Erdoberfläche.

Material A – Temperaturen auf der Sonne und den Planeten

A1 Die Sonne hat einen Radius von 6,96 · 10⁸ m und eine Strahlungsleistung von 3,84 · 10²⁶ W. Berechne die Temperatur auf der Sonnenoberfläche mit dem Gesetz von STEFAN und BOLTZMANN.

Es gilt:

$$S = \frac{P}{A} = \frac{3{,}84 \cdot 10^{26}\ \mathrm{W}}{4\pi \cdot (6{,}96 \cdot 10^{8}\ \mathrm{m})^2} \approx 6{,}31 \cdot 10^{7}\ \frac{\mathrm{W}}{\mathrm{m}^2}.$$

Damit ergibt sich für die Temperatur:

$$T = \sqrt[4]{\frac{S}{\sigma}} = \sqrt[4]{\frac{6{,}31 \cdot 10^{7}\ \frac{\mathrm{W}}{\mathrm{m}^2}}{5{,}67 \cdot 10^{-8}\ \frac{\mathrm{W}}{\mathrm{m}^2 \cdot \mathrm{K}^4}}} \approx 5780\ \mathrm{K} = 5507\ °\mathrm{C}.$$

A2 Man kennt inzwischen nicht nur die Planeten der Sonne, sondern auch viele, die um andere Sterne kreisen. Ob sich auf einem Planeten Leben entwickeln kann, hängt unter anderem davon ab, wie groß die Strahlungsleistung ist, die sie von dem entsprechenden Stern erhalten. Im Sonnensystem weiß man, dass sich daher nur auf Venus, Erde und Mars Leben entwickeln könnte.

a) Venus ist 108 · 10⁶ km und Mars 228 · 10⁶ km von der Sonne entfernt. Berechne die Solarkonstante für Venus bzw. Mars und damit jeweils die Temperatur auf diesen Planeten.

b) Aus Messungen von Raumsonden weiß man: Die Temperatur auf der Venus beträgt 464 °C und auf dem Mars –55 °C. Vergleiche mit deinen Ergebnissen aus a). Finde mögliche Gründe für die auftretenden Abweichungen.

a) Venus:

$$S_V = \frac{P}{A} = \frac{3{,}84 \cdot 10^{26}\ \mathrm{W}}{4\pi \cdot (1{,}08 \cdot 10^{11}\ \mathrm{m})^2} \approx 2620\ \frac{\mathrm{W}}{\mathrm{m}^2}.$$

Da die Strahlung über die Querschnittsfläche ($\pi \cdot r^2$) aufgenommen wird, aber über die gesamte Oberfläche ($4\,\pi \cdot r^2$) abgestrahlt wird, beträgt die Strahlungsintensität hierbei nur ein Viertel der Solarkonstante:

$$T_V = \sqrt[4]{\frac{S_V \cdot \frac{1}{4}}{\sigma}} = \sqrt[4]{\frac{2620\frac{\mathrm{W}}{\mathrm{m}^2} \cdot \frac{1}{4}}{5{,}67 \cdot 10^{-8}\ \frac{\mathrm{W}}{\mathrm{m}^2 \cdot \mathrm{K}^4}}} \approx 329\ \mathrm{K} = 56\ °\mathrm{C}.$$

Mars:

$$S_M = \frac{P}{A} = \frac{3{,}84 \cdot 10^{26}\ \mathrm{W}}{4\pi \cdot (2{,}28 \cdot 10^{11}\ \mathrm{m})^2} \approx 588\ \frac{\mathrm{W}}{\mathrm{m}^2}.$$

$$T_M = \sqrt[4]{\frac{S_M \cdot \frac{1}{4}}{\sigma}} = \sqrt[4]{\frac{588\frac{\mathrm{W}}{\mathrm{m}^2} \cdot \frac{1}{4}}{5{,}67 \cdot 10^{-8}\ \frac{\mathrm{W}}{\mathrm{m}^2 \cdot \mathrm{K}^4}}} \approx 226\ \mathrm{K} = -47\ °\mathrm{C}.$$

b) Beide Planten sind am Nachthimmel gut zu sehen, d. h. sie reflektieren einen Teil der Strahlung der Sonne. Da die absorbierte Leistung daher kleiner ist, sollte die gemessene Temperatur kleiner sein als die berechnete. Dies würde die gemessene Temperatur auf dem Mars erklären. Bei der Venus gibt es einen sehr großen Treibhauseffekt, der die Temperatur um über 400 K steigert.

A3 Die Solarkonstante schwankt regelmäßig etwa alle 11 Jahre zwischen 1366 W/m² und 1368 W/m².

a) Schätze durch eine Rechnung ab, wie stark die Temperatur auf der Erde dadurch schwankt.

b) Finde mögliche Gründe für die Schwankung der Solarkonstante. Informiere dich.

a) Wenn man davon ausgeht, dass der absorbierte Anteil weiterhin bei 70 % liegt und die Erde über die ganze Oberfläche abstrahlt, ergibt sich mit $S_1 = 1366\ \mathrm{W/m^2}$:

$$T_1 = \sqrt[4]{\frac{0{,}7 \cdot S_1 \cdot \frac{1}{4}}{\sigma}} = \sqrt[4]{\frac{956\frac{\mathrm{W}}{\mathrm{m}^2} \cdot \frac{1}{4}}{5{,}67 \cdot 10^{-8}\ \frac{\mathrm{W}}{\mathrm{m}^2 \cdot \mathrm{K}^4}}} \approx 254{,}8\ \mathrm{K}.$$

Und mit $S_2 = 1368\ \mathrm{W/m^2}$:

$$T_2 = \sqrt[4]{\frac{0{,}7 \cdot S_2 \cdot \frac{1}{4}}{\sigma}} = \sqrt[4]{\frac{958\frac{\mathrm{W}}{\mathrm{m}^2} \cdot \frac{1}{4}}{5{,}67 \cdot 10^{-8}\ \frac{\mathrm{W}}{\mathrm{m}^2 \cdot \mathrm{K}^4}}} \approx 254{,}9\ \mathrm{K}.$$

Der Temperaturunterschied liegt bei etwa 0,1 K.

b) Die von der Sonne abgestrahlte Leistung ist nicht konstant, sondern abhängig von der Sonnenaktivität, die sich mit einer Periodendauer von 11 Jahren ändert.

Zudem ändert sich der Abstand der Erde von der Sonne während eines Umlaufs, da sich die Erde nicht auf einer Kreisbahn sondern einer Ellipse bewegt, aber auch regelmäßig im Laufe von Hunderttausenden von Jahren.

Material B – Treibhauseffekt

B1 a) Im Modell (▹Bild 01) absorbiert die Atmosphäre 20% der Strahlung von der Sonne, aber 100 % der Strahlung von der Erde. Begründe diese Annahme physikalisch.
b) In Wirklichkeit wird die Strahlung von der Erde nicht vollständig, sondern zu 90% von der Atmosphäre absorbiert. Erkläre, welche Auswirkung dies auf die Temperatur der Erde hat.

a) Die Erde strahlt praktisch die gesamte Energie durch Infrarotstrahlung ab. Die Atmosphäre wirkt hier ähnlich wie eine Glasplatte und absorbiert die Infrarotstrahlung praktisch komplett. Die von der Sonne kommende Strahlung enthält neben Infrarotstrahlung vor allem sichtbares Licht (siehe S. 62) und andere elektromagnetische Strahlung, für die die Atmosphäre „durchsichtig" ist, sodass sie zur Erdoberfläche gelangt.

b) Da nicht mehr die gesamte Energie von der Atmosphäre absorbiert wird, strahlt sie auch weniger Energie an die Erde zurück, sodass die Temperatur niedriger ist als die auf S. 68 berechnete. Eine weiterführende Rechnung zeigt, dass sich bei einem entsprechend veränderten Modell eine Temperatur von 12 °C ergäbe.

Der Einfluss des Menschen

Seite 71

1 a) Das oberflächennahe Wasser der Ozeane kann wesentlich mehr Energie speichern als die gesamte Atmosphäre und die Oberfläche der Kontinente. Erkläre.
b) Die im ▹Diagramm 03 dargestellte Größe nennt man „Ocean heat content". Erkläre diese Bezeichnung.

a) Im Wasser der Ozeane wird die Energie durch Konvektion auf ein wesentlich größeres Volumen verteilt als auf der Oberfläche der Kontinente, auf der die Energie nur durch Wärmeleitung nur wenige Meter tief in den Boden übertragen wird. Konvektion ist zwar auch in der Atmosphäre möglich, allerdings ist die Dichte des Wassers fast 1000-mal größer als die der Luft und die spezifische Wärmekapazität mehr als viermal so groß, sodass im Wasser viel mehr Energie gespeichert werden kann.

b) Der „Ocean heat content" gibt an, wie viel Energie als innere Energie („heat") in den oberen Wasserschichten der Ozeane („ocean") gespeichert („content") ist.

Seite 73 (Material)

A1 Aufgrund der Änderung des „Ocean heat content" kann man abschätzen, dass die mittlere Meerestemperatur seit 1955 um etwa 0,1 K bis 0,2 K zugenommen hat.
a) Die mittlere Temperatur auf dem Land hat im gleichen Zeitraum um etwa 0,5 K zugenommen. Ungenaue Messungen erklären den Unterschied nicht. Lena sagt: „In Physik hieß es, das hat etwas mit der Wärmekapazität und der Konvektion zu tun." Stelle den Zusammenhang her.
b) Überprüfe die Abschätzung durch eine Rechnung.

a) Das oberflächennahe Wasser der Weltmeere kann wesentlich mehr Energie speichern als die Kontinente und die Atmosphäre. Das liegt daran, dass im Wasser die Energie durch Konvektion auf ein sehr großes Volumen verteilt wird und Wasser eine sehr hohe spezifische Wärmekapazität besitzt. Entsprechend dauert es länger, bis ein so großer Energiespeicher seine innere Energie und damit seine Temperatur ändert, während dies auf dem Land schneller geschieht.

b) Es gilt:

$$\Delta E = c \cdot m \cdot \Delta T \text{ bzw. } \Delta T = \frac{\Delta E}{c \cdot m}.$$

Aus dem Diagramm zum „Ocean heat content" kann man ablesen, dass die Energie um etwa
$\Delta E \approx 125 \cdot 10^{21}\ \text{J} = 1{,}25 \cdot 10^{20}\ \text{kJ}$
zugenommen hat.
Um die Masse des Wassers zu bestimmen, muss man das Volumen des Wassers abschätzen.
Die Erde hat eine Oberfläche von
$A = 4\,\pi \cdot R_E^2 = 4\,\pi \cdot (6370\ \text{km})^2 \approx 5{,}10 \cdot 10^{14}\ \text{m}^2$.
Etwa 70% hiervon sind mit Wasser bedeckt.
Um die Rechnung einfach zu halten, tun wir bei der Berechnung des Volumens so, als handle es sich um ein 700 m „Wasser-Prisma":
$V = 0{,}7 \cdot A \cdot h = 3{,}6 \cdot 10^{14}\ \text{m}^2 \cdot 700\ \text{m} = 2{,}5 \cdot 10^{17}\ \text{m}^3$.
Damit ergibt sich für die Masse des Wassers:
$m = \rho \cdot V \approx 1000\ \text{kg/m}^3 \cdot 2{,}5 \cdot 10^{17}\ \text{kg}$
$= 2{,}5 \cdot 10^{20}\ \text{kg}$.
Für die Temperaturzunahme erhalten wir schließlich:

$$\Delta T = \frac{\Delta E}{c \cdot m} = \frac{1{,}25 \cdot 10^{20}\ \text{kJ}}{4{,}2\ \frac{\text{kJ}}{\text{kg} \cdot \text{K}} \cdot 2{,}5 \cdot 10^{20}\ \text{kg}} \approx 0{,}12\ \text{K}.$$

Die Rechnung und die Abschätzung stimmen gut überein.

A2 ▹Diagramm 03 zeigt die Änderung des mittleren Meeresspiegels.
a) Beschreibe den Verlauf des Graphen.
b) Gib mögliche Gründe für den Anstieg des Meeresspiegels an.
c) Schätze anhand des Diagramms ab, wie stark der Meeresspiegel bis 2100 ansteigt.
d) Überlege dir, welche Folgen dieser Anstieg für Städte wie Hamburg oder Länder wie die Niederlande hat.

e) Informiere dich, in welchem Bereich die wissenschaftlichen Vorhersagen für den Anstieg des Meeresspiegels liegen.

a) Von 1880 bis etwa 1930 nahm der Meeresspiegel um ca. 4 cm zu. Die Zunahme war dabei relativ unregelmäßig. Seit 1930 steigt der Meeresspiegel stärker an. Von 1930 bis etwa 1970 stieg er um etwa 6 cm. Die Zunahme war dabei näherungsweise linear. Seitdem bis 2010 nahm der Meeresspiegel um etwa 10 cm zu, auch näherungsweise linear.

b) Durch das Abschmelzen von Gletschern, Inlandeis und dem Eis auf der Antarktis und auf Grönland nimmt das Volumen des Meerwassers zu, sodass der Meeresspiegel steigt. Mit zunehmender Temperatur kommt es auch zur thermischen Ausdehnung.

Hinweis: Dieser Effekt ist hier tatsächlich größer als die zuvor genannten, da das Volumen so groß ist!

c) Geht man davon aus, dass der Meeresspiegel mit der gleichen Geschwindigkeit wie seit 1970 weiter ansteigt, sollte er in einem Jahrzehnt um etwa 2,5 cm ansteigen, d. h. um etwa 25 cm in einem Jahrhundert.

d) Auch wenn sich 25 cm zunächst nicht nach viel anhören, müssen alle Küstenregionen ihren Hochwasserschutz entsprechend anpassen. Da ein großer Teil der Niederlande schon jetzt unter Normalnull liegt, kann sich dieser Anstieg verheerend auswirken.

e) Neuere Prognosen gehen von einem Anstieg von ein bis zwei Metern aus, also wesentlich höher als die Extrapolation in d) vorhersagt.

Hinweis: Siehe z. B. European Environment Agency: Climate change, impacts and vulnerability in Europe 2012 – An indicator-based report. S. 107

A3 Der Klimawandel hat auch Folgen für die chemische Zusammensetzung, vor allem den Säuregehalt („acidity“) der Meere. Der Text zu ▹Bild 04 stammt aus dem Jahrbuch 2013 des Umweltprogramms der Vereinten Nationen, kurz UNEP.

a) Fasse die im Text genannten Ursachen für die veränderte chemische Zusammensetzung der Meere zusammen. Stelle den Zusammenhang zum „sea butterfly“ her.

b) Überlege, welche Folgen das Verschwinden dieser Tierart für andere Tiere und den Menschen hätte.

a) Es werden zwei Ursachen für die veränderte chemische Zusammensetzung genannt:

1. Das Kohlenstoffdioxid aus der Atmosphäre löst sich teilweise im Meerwasser. Dabei entsteht Kohlensäure, die mit Kalziumkarbonat reagiert.
2. Durch die Eisschmelze ändert sich die Zusammensetzung ebenfalls, sodass Kalziumkarbonat nicht mehr so leicht verfügbar ist.

Die Flügelschnecke benötigt Kalziumkarbonat, um ihre Schale aufzubauen.

b) Wenn es keine Flügelschnecken mehr gibt, fehlt vielen Meerestieren vom Krill bis zu Walen eine wesentliche Nahrungsquelle, sodass deren Bestand auch zurückgehen wird. Da z. B. Krill wiederum ein wichtiger Bestandteil der Nahrungskette der Ozeane ist, gerät u. U. deren gesamtes Ökosystem aus dem Gleichgewicht – mit verheerenden Folgen auch für die Menschheit.

Material B – Gletscher und das Eis in der Arktis und der Antarktis

B1 ▹Bild 05 zeigt, dass Gebirgsgletscher genauso abschmelzen wie das Eis der Antarktis. Das Abschmelzen der Gletscher trägt zum Anstieg des Meeresspiegels bei, aber der Rückgang des arktischen Meereises nicht, obwohl dort viel mehr Eis schmilzt. Erkläre.

Das arktische Meereis schwimmt auf dem Wasser. Die Auftriebskraft ist dabei genau so groß wie die Schwerkraft auf das verdrängte Wasser (siehe „Schweredruck und Auftrieb“). Da es ein Kräftegleichgewicht zwischen der Schwerkraft und der Auftriebskraft gibt, ist die Schwerkraft auf das Eis und das verdrängte Wasser gleich groß und damit auch deren jeweilige Masse.

Wenn das Eis schmilzt, wird es zu flüssigem Wasser und nimmt genau das Volumen des verdrängten Wassers ein. Der Meeresspiegel ändert sich so daher nicht.

Da das Gletschereis sich auf den Kontinenten befindet, fließt es von dort ins Meer und trägt daher entsprechend zum Anstieg des Meeresspiegels bei.

B2 a) Um die globale Erwärmung möglichst deutlich aussehen zu lassen, eignet sich die Arktis sehr gut. Informiere dich über die Gründe.

b) Anders als die Eismenge in der Arktis nimmt die Eismenge in der Antarktis zu. Manche Leute sagen: „Das spricht dafür, dass es keine globale Erwärmung gibt.“ Informiere dich und nimm Stellung.

a) Die Temperaturzunahme ist im Bereich der Arktis höher als die durchschnittliche globale Erwärmung. Die Folgen sind daher dort besonders deutlich.

b) Die Eismenge der Antarktis nimmt tatsächlich zu. Allerdings ist die Zunahme wesentlich kleiner als die Abnahme der arktischen Eismenge. Die globale Erwärmung lässt sich so nicht wegdiskutieren.

3 Elektrische Energieübertragung

Elektromotor und Generator

Seite 75

1 Die Motoren im ▹Bild 03–05 laufen nicht in jeder Stellung an. Erkläre.
Für alle Bilder 03–05 gilt: Wenn sich in der vermeintlichen Startposition ungleichnamige Pole direkt gegenüber liegen, dann kann der Motor nicht anlaufen. Hat ein Motor einen Kommutator, so kann es passieren, dass der Motor „im Totpunkt" gestartet werden soll, d. h. wenn der Elektromagnet des Rotors keinen Kontakt zur elektrischen Quelle hat (▹Bild 05B). Auch dann ist ein Anlaufen ohne äußeren Einfluss nicht möglich.

Seite 76

1 Ein Stabmagnet wird durch eine Spule hindurchgeschoben. Beschreibe, wie sich die Anzeige eines angeschlossenen Spannungsmessgeräts ändert.
Während der Magnet in die Spule hineingeschoben wird, gibt es einen Ausschlag des Spannungsmessgeräts. Beim Hinausschieben gibt es ebenfalls einen Ausschlag, jedoch in die andere Richtung. Je schneller der Stabmagnet hindurchgeschoben wird, desto größer ist der Ausschlag.

Seite 77 (Material)

Versuche – Ein selbstgebauter Motor

V1
Beobachtungen: Beim Schließen des Schalters richtet sich die Schraube zwischen den Bügeln des Permanentmagneten aus (Drehung um 90°). Die Drehrichtung kann z. B. durch Umpolen der Stromrichtung an der Quelle geändert werden. Wenn man anschließend den Schalter öffnet, dann kehrt die Schraube in die Ausgangslage zurück.
Erklärung: Wenn der Schalter geschlossen wird, dann wird die Schraube samt Drahtwicklung durch den Stromfluss zu einem Elektromagneten mit Nord- und Südpol. Dadurch kommt es zu einer Ausrichtung im Magnetfeld des Hufeisenmagneten (gleichnamige Pole ziehen sich an). Diese magnetischen Kräfte führen zu einer „Verdrillung" der Aufhängung und zu einem Anheben der Schraube. Dadurch ist eine Rückstellkraft gegeben, die dafür sorgt, dass die Schraube beim Öffnen des Schalters wieder in die Ausgangslage zurückkehrt (verbunden mit Schwingungen über die Ruhelage hinweg).

V2
Um eine komplette Drehung zu erreichen, wird der Schalter nur kurz geschlossen. Er muss geöffnet werden, bevor die Schraube sich um 90° gedreht hat. Nur dann ist es möglich, dass sich die Schraube aufgrund ihrer Trägheit weiterdreht. Der Schalter darf erst wieder geschlossen werden, wenn die Schraube sich um mindestens 270° (bezogen auf die Ausgangsposition) gedreht hat. Dann treten abstoßende Kräfte auf, die ein Weiterdrehen unterstützen. Bevor eine Drehung von 360° + 90° erreicht ist, muss der Schalter wieder geöffnet werden. Dieses Verfahren kann fortgesetzt werden, bis irgendwann die Rückstellkraft (durch die Verdrillung, vgl. V1) zu groß wird.

Material A – Elektromotor

A1 Notiere die wichtigsten Bestandteile eines Elektromotors.
Die wichtigsten Bestandteile eines Elektromotors sind der Rotor und der feststehende Stator. Einer von beiden kann als Permanentmagnet ausgeführt sein. Bei den meisten Motoren wird ein Kommutator als dritter wesentlicher Bestandteil verwendet, damit das Magnetfeld des Rotors (Elektromagnet) im richtigen Moment umgepolt wird. Erst dadurch kommt es zu einer ständigen Drehbewegung des Rotors.

A2 Die ▹Bilder 05A–C zeigen drei Momentaufnahmen eines sich drehenden Rotors. Erkläre, warum sich der Rotor in jeder der drei Stellungen weiterdreht.
Im ▹Bild 05A dreht sich der Rotor hauptsächlich deshalb weiter, weil sich gleichnamige Magnetpole abstoßen. Eine anziehende Wirkung zwischen ungleichnamigen Polen ist auch vorhanden, aber aufgrund der größeren Entfernungen deutlich kleiner.
Im ▹Bild 05B dreht sich der Rotor hauptsächlich deshalb weiter, weil sich ungleichnamige Magnetpole anziehen. Eine abstoßende Wirkung zwischen gleichnamigen Polen ist auch vorhanden, aber aufgrund der größeren Entfernungen deutlich kleiner.
Im ▹Bild 05C besitzt der Rotor im Vergleich zu ▹Bild 05B eine andere magnetische Polung, weil die Stromrichtung durch den Kommutator geändert worden ist. Die Erklärung zum Weiterdrehen verläuft wie bei ▹Bild 05A.

A3 Überlege dir, wie man den Motor stärker machen könnte. Notiere deine Vorschläge.
Um den Motor stärker zu machen, gibt es folgende Möglichkeiten: Anzahl der Wicklungen des Rotors erhöhen, stärkeren Permanentmagneten als Stator verwenden oder

sogar den Stator durch einen stärkeren Elektromagneten ersetzen.

Material B – Generator

B1 Beschreibe den Aufbau und erkläre, warum eine Spannung entsteht.
Beschreibung: Auf einem Tonnenfuß ist ein Stabmagnet drehbar gelagert. Daneben steht eine Spule, die an ein Spannungsmessgerät angeschlossen ist. Der Magnet befindet sich in Verlängerung der Spulenachse.
Erklärung: Eine Spannung entsteht, weil sich Magnet und Spule relativ zueinander bewegen. Aus Sicht der Spule ändern sich ständig die Richtung und die Stärke des äußeren Magnetfelds, das die Spule durchsetzt. Dadurch entsteht eine Wechselspannung.

B2 Mit welchen Maßnahmen können höhere Spannungen erzeugt werden? Notiere deine Vorschläge.
Um höhere Spannungen zu erzeugen, bieten sich folgende Maßnahmen an: Drehfrequenz des Stabmagneten vergrößern, Abstand zwischen Stabmagnet und Spule verkleinern, einen stärkeren Stabmagneten verwenden, eine Spule mit größerer Wicklungszahl benutzen.

B3 Der Generator soll energetisch betrachtet werden. Notiere die auftretenden Energieformen und erstelle eine Energieübertragungskette.
Folgende, den Schülerinnen und Schülern bekannte Energieformen treten auf: Bewegungsenergie (des Stabmagneten), elektrische Energie.
Energiekette:

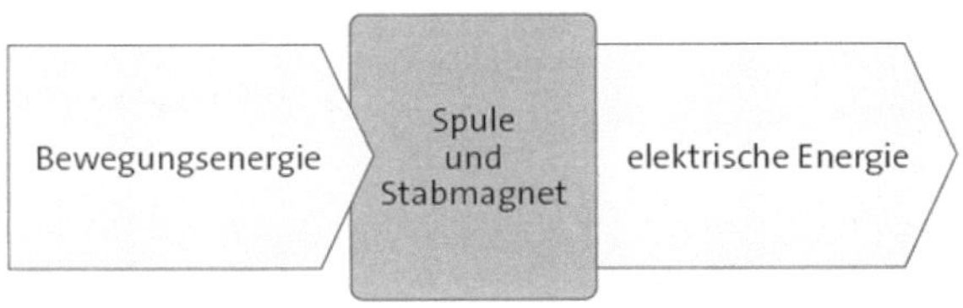

B4 Das Spannungsmessgerät wird durch eine Glühlampe ersetzt. Erkläre, warum das Drehen des Stabmagneten jetzt schwerer fällt.
Im Stromkreis mit der Glühlampe fließt bei gleicher Drehfrequenz wie zuvor ein größerer Strom. Wie in Versuchen mit Handgeneratoren (vgl. S. 155 in Universum Physik 7/8) ist dann eine größere Kraft an der Kurbel – also am Stabmagneten – nötig.

Seite 78

1 Im ▹Bild 03 wird die Stromrichtung umgekehrt. Skizziere die Leiterschleife, das Magnetfeld und zeichne die Lorentzkräfte mit Pfeilen ein.

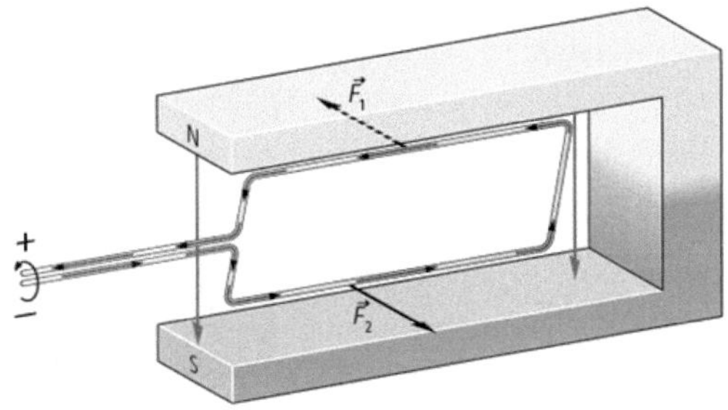

Seite 79

2 Gib an, was die Geräte im ▹Bild 06 messen.
▹Bild 06A: Es wird ein Gleichstrom gemessen mit einer Stärke von 210,00 mA.
▹Bild 06B: Es wird eine Wechselspannung gemessen von 1,35 V.

3 Zeichne Diagramme wie im ▹Bild 05 für folgende Vorgaben: Gleichspannung von 5,5 V; Wechselspannung von 10 V, die zweimal pro Sekunde die Richtung ändert.

Gleichspannung von 5,5 V:

Wechselspannung von 10 V, die zweimal pro Sekunde die Richtung ändert:

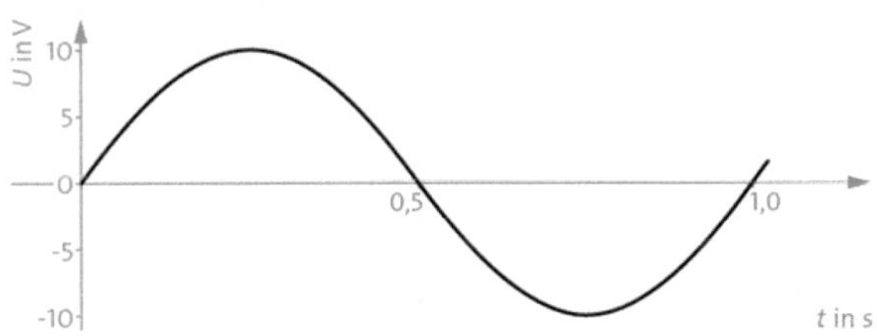

Der Transformator

Seite 81

1 Erläutere, wie ein Transformator aufgebaut ist. Nenne Beispiele oder Geräte, in denen Transformatoren benutzt werden.

Ein Transformator besteht aus zwei Spulen, die auf einen gemeinsamen Eisenkern gesteckt sind. Beim Eisenkern kann es sich um einen einfachen Stab oder Zylinder handeln wie bei einer elektrischen Zahnbürste. Der Eisenkern kann auch geschlossen sein wie bei einem Aufbautransformator. Diejenige Spule, an der eine Spannungsquelle angeschlossen ist, nennt man Primärspule. Die andere Spule heißt Sekundärspule.

In folgenden Geräten kommen Transformatoren zum Einsatz: elektrische Zahnbürste, Modellbahntrafo, Ladegeräte oder Netzteile (älteren Datums), Netzgeräte für Schülerübungen, …

2 Bei einem Transformator mit den Windungszahlen $n_1 = 250$ und $n_2 = 1000$ beträgt die Spannung $U_1 = 230$ V. Berechne U_2.

Die Lösung erfolgt analog zur Beispielrechnung auf S. 81 (▹Bild 07).

Gegeben: $n_1 = 250$, $n_2 = 1000$, $U_1 = 230$ V

Gesucht: U_2

Es gilt:

$$\frac{U_1}{U_2} = \frac{n_1}{n_2} \quad | \cdot U_2 \,|\cdot n_2\,| : n_1$$

$$U_2 = U_1 \cdot \frac{n_2}{n_1} = 230\text{ V} \cdot \frac{1000}{250} = 920\text{ V}.$$

Seite 82

1 Beschreibe Unterschiede zwischen einem belasteten und einem unbelasteten Trafo.

Bei einem unbelasteten Transformator ist kein Verbraucher an die Sekundärspule angeschlossen. Bei einem solchen Transformator fließt also kein Sekundärstrom. Beim belasteten Transformator fließt dagegen ein Sekundärstrom, weil durch den Verbraucher der Sekundärstromkreis geschlossen ist.

Seite 83 (Material)

Material A – Energieübertragung

A1 Beschreibe die Versuchsdurchführung und das Ergebnis.

Versuchsdurchführung: Die Spule mit Eisenkern wird an den Karton mit dem Fragezeichen herangeschoben.

Ergebnis: Wenn die Spule mit Eisenkern direkt neben dem Karton steht, dann leuchtet die Glühlampe.

A2 Erläutere, was sich unter dem Karton befinden muss.

Unter dem Karton muss sich eine Spule befinden, vermutlich sogar eine Spule mit einem Eisenkern, damit die Energie besonders gut übertragen werden kann. Der Aufbau ist mit dem der elektrischen Zahnbürste (im Buch S. 80) vergleichbar. Dort wird (elektrische) Energie mithilfe eines Transformators übertragen.

Material B – Transformatoren berechnen

B1 Ein Modelleisenbahn-Transformator soll eine Spannung von maximal 12 V liefern. Er wird an die Netzspannung (230 V) angeschlossen.
Berechne die Windungszahl der Sekundärspule, wenn die Primärspule 1500 Windungen hat.

Gegeben: $n_1 = 1500$, $U_1 = 230$ V, $U_{2,\,\text{max}} = 12$ V

Gesucht: n_2

Es gilt: $$\frac{U_1}{U_2} = \frac{n_1}{n_2} \quad | \cdot n_2 \,|\cdot U_2\,| : U_1$$

$$n_2 = n_1 \cdot \frac{U_2}{U_1} = 1500 \cdot \frac{12}{230} = 78{,}26 \approx 78.$$

Abrunden ist hier auch deshalb nötig, um die Vorgabe „maximal 12 V“ zu erfüllen.

B2 Das Netzteil eines Notebooks soll die Netzspannung (230 V) auf 19 V herabsetzen. Es stehen ein Eisenkern und Spulen mit folgenden Windungszahlen zur Verfügung: 75, 150, 300, 600, 900, 1200, 3600, 7250.
Gib mögliche Spulenkombinationen für einen geeigneten Transformator an.

Die Spannung muss um den Faktor $230 : 19 \approx 12$ herabgesetzt werden. Es muss also gelten:

$n_1 \approx n_2 \cdot 12$.

Ausgehend von der Windungszahl 75 werden folgende Produkte gebildet: $75 \cdot 12 = 900$, $150 \cdot 12 = 1800$, $300 \cdot 12 = 3600$, $600 \cdot 12 = 7200$ und $900 \cdot 12 = 10\,800$. Der Vergleich mit den tatsächlich vorhandenen Windungszahlen ergibt, dass folgende Spulenkombinationen möglich sind: $n_2 = 75$ und $n_1 = 900$, $n_2 = 300$ und $n_1 = 3600$, $n_2 = 600$ und $n_1 = 7250$.

B3 Bei einem Schweiß-Transformator darf die Stromstärke in der Primärspule mit 60 Windungen maximal 12 A betragen.
a) Berechne die Windungszahl der Sekundärspule, wenn die Sekundärstromstärke 100 A betragen soll.
b) Bestimme die übertragene Leistung, wenn das Gerät an 400 V angeschlossen wird.

a) Gegeben: $n_1 = 60$, $I_{1,\,\text{max}} = 12$ A, $I_2 = 100$ A

Gesucht: n_2

Aus $\frac{I_1}{I_2} = \frac{n_2}{n_1}$ folgt nach Auflösen nach n_2:

$$n_2 = n_1 \cdot \frac{I_1}{I_2} = 60 \cdot \frac{12\ \text{A}}{100\ \text{A}} = 7{,}20.$$

Falls eine ganzzahlige Windungszahl angegeben werden soll, muss auf 8 Windungen aufgerundet werden, um die Vorgabe von 100 A (Sekundärseite) nicht zu überschreiten.

b) Gegeben: $U_1 = 400$ V.
Gesucht: übertragene Leistung P.
Mit dem Wert aus a) für die Stromstärke berechnet man:
$P = U_1 \cdot I_1 = 400\ \text{V} \cdot 12\ \text{A} = 4800\ \text{W}$.
Dabei wird von Leistungsverlusten bei der Übertragung abgesehen.

Material C – Der Hochspannungstransformator

C1 Im ▹Bild 05 links haben sich mehrere Fehler eingeschlichen. Notiere die Fehler und korrigiere sie. Begründe deine Korrekturen.
Fehler 1: Die Verbindung zwischen den Steckern in der Tischsteckdose und der Primärspule fehlt. Es müssen also Kabel eingebaut werden, sonst wird am Ende keine Hochspannung entstehen. Eine derartige Benutzung der Tischsteckdose ist im Übrigen unzulässig.
Fehler 2: Die Spulen sind vertauscht. So kann am Ende keine Hochspannung entstehen. Also müssen die Spulen getauscht werden: $n_1 = 12$, $n_2 = 600$.
Fehler 3: Auf dem Warnschild steht „Hochstrom“. Es muss aber „Hochspannung“ heißen. Also muss das Schild ausgetauscht werden.

C2 Beschreibe und erkläre den Ausgang des Versuchs, nachdem alle Fehler behoben worden sind.
Wenn alle Fehler behoben worden sind, dann wird zwischen den gebogenen Drähten (Hörnerelektroden) ein Lichtbogen entstehen, da die Luft bei großen Spannungen leitend wird. Der Lichtbogen wandert aufgrund der Hitze nach oben und reißt irgendwann ab. Vergleiche auch S.84.

C3 Berechne mit den Daten aus ▹Bild 05 die zu erwartende Hochspannung.
Gegeben: $n_1 = 12$, $n_2 = 600$, $U_1 = 230$ V
Gesucht: U_2

$$U_2 = U_1 \cdot \frac{n_2}{n_1} = 230\ \text{V} \cdot \frac{600}{12} = 11\,500\ \text{V}.$$

C4 Beschreibe Maßnahmen, mit denen man die Spannung auf der Sekundärseite erhöhen kann.
Folgende Maßnahmen sind geeignet, um die Spannung auf der Sekundärseite zu erhöhen: statt $U_1 = 230$ V eine größere Primärspannung verwenden, die Windungszahl $n_1 = 12$ verkleinern, die Windungszahl $n_2 = 600$ vergrößern.

Seite 84

1 Bestimme, welche Spannung zwischen den Hörnerelektroden (rechts im ▹Bild 02) anliegt.
Gegeben: $n_1 = 500$, $n_2 = 23\,000$, $U_1 = 230$ V
Gesucht: U_2

$$U_2 = U_1 \cdot \frac{n_2}{n_1} = 230\ \text{V} \cdot \frac{23\,000}{500} = 10\,580\ \text{V}.$$

2 Beim Hochstromtransformator müssen die Windungen auf der Sekundärseite sehr dick sein. Erkläre.
Beim Hochstromtransformator ist die Stromstärke im Sekundärstromkreis sehr groß. Dadurch können sich die Windungen sehr stark erhitzen. Damit sie nicht schmelzen, sind sie sehr dick. Wenn der Nagel dicker als die Windungen wäre, dann könnten sogar die dicken Windungen schmelzen.

Transport elektrischer Energie

Seite 88

1 a) Informiere dich über Vor- und Nachteile von Wechselstrom-Erdkabeln.
b) Lohnt es sich, Offshore-Windparks mittels HGÜ an das Verteilungsnetz anzubinden? Recherchiere im Internet.
a) Vorteile von Wechselstrom-Erdkabeln gegenüber Freileitungen: geringerer Platzbedarf (also einfachere nachträgliche Verlegung), höhere Akzeptanz in der Bevölkerung (kaum Eingriffe in das Landschaftsbild – bis auf bleibende Schneisen in Waldgebieten).
Nachteile: Hohe Kosten beim Bau und bei Reparaturen, die entstehende Wärme muss abgeführt werden (deshalb eigentlich keine Anwendung im Hoch- und Höchstspannungsbereich), große kapazitative Leckströme im Vergleich zu Freilandleitungen.
Hinweis: Als Informationsquelle eignet sich u. a. die Bundesnetzagentur.
b) Ab einer gewissen Übertragungslänge (momentan ca. 100 km) lohnt sich die Verwendung der HGÜ-Technik zum Anschluss von Offshore-Windparks aufgrund der geringeren Verluste im Vergleich mit einer Wechselstromtechnik.
Hinweis: Weitere Informationen sind in „Praxis der Naturwissenschaften – Physik“, Heft 5 (2009) zu finden. Im Internet kann mittels der Begriffe „HGÜ offshore“ gesucht werden.

Seite 89 (Material)

Material A – Energieübertragung und Hochspannung

A1 a) Beschreibe die Unterschiede in den Aufbauten von ▹Bild 03A und B.
b) Erkläre, warum die Lampe in ▹Bild 03B leuchtet, im ▹Bild 03A aber nicht.

a) Im ▹Bild 03B sind zusätzlich zwei Transformatoren eingebaut. Im ▹Bild 03B wird die Stromstärke im mittleren Stromkreis gemessen, im ▹Bild 03A wird sie im einzigen (Gesamt-)Stromkreis gemessen. Im ▹Bild 03A wird zusätzlich die Spannung an der Lampe gemessen.

b) Im ▹Bild 03A leuchtet die Lampe nicht, weil die Übertragungsverluste sehr groß sind. Im ▹Bild 03B leuchtet die Lampe, weil die Verluste aufgrund der Verwendung von Hochspannung deutlich kleiner sind.
In A2 folgt eine rechnerische Betrachtung.

A2 Berechne für ▹Bild 03A die Gesamtstromstärke. Bestimme die Leistungsumsätze in den Konstantandrähten und in der Lampe. Vergleiche.

Gegeben: $U = 6$ V, $R = R_K + 12$ V $= 72\ \Omega$
Gesucht: I, P_K und P_{Lampe}
Gesamtstromstärke:

$$I = \frac{U}{R} = \frac{6\ \text{V}}{72\ \Omega} = 0{,}083\ \text{A}.$$

Leistungsumsatz in den Kabeln:
$P_K = R_K \cdot I_K^2 = 60\ \Omega \cdot (0{,}083\ \text{A})^2 = 0{,}41$ W.
Leistungsumsatz in der Lampe:
$P_{Lampe} = R_{Lampe} \cdot I_{Lampe}^2 = 12\ \Omega \cdot (0{,}083\ \text{A})^2 = 0{,}083$ W.
Der Leistungsumsatz in den Konstantandrähten ist etwa fünfmal höher als in der Lampe. Insgesamt wird eine Leistung von 0,493 W umgesetzt. Es kommen ca. 83 % der zugeführten Leistung nicht bei der Glühlampe an.

A3 Ordne die folgenden Begriffe entsprechenden Orten im zweiten Aufbau zu (▹Bild 03B): Hochspannungsleitungen, Umspannwerk, elektrische Haushaltsgeräte, Kraftwerk, Vogel.

Entsprechungen:
Hochspannungsleitungen ↔ Konstantandrähte (zwischen den Isolierstützen),
Umspannwerk ↔ Transformator(en),
elektrische Haushaltsgeräte ↔ Glühlampe,
Kraftwerk ↔ Spannungsquelle (6 V ~),
Vogel ↔ Entsprechung fehlt

A4 a) Im mittleren Stromkreis von ▹Bild 03B besteht eine Spannung von etwas weniger als 48 V. Begründe.
b) Im mittleren Stromkreis wird eine Stromstärke von 0,09 A gemessen. Berechne die Verlustleistung durch die Kabel. Ermittle auch, welche Leistung übertragen wird.

a) Die Spannung nach der Transformation mit einem idealen Transformator müsste aufgrund des Windungszahlenverhältnisses 48 V betragen. Da allerdings in einem Transformator Verluste auftreten (die sich z. B. als Erwärmung äußern), gibt es keinen idealen Transformator und die rechnerisch ermittelte Spannung von 48 V wird nicht erreicht.

b) Gegeben: $I_K = 0{,}09$ A, $R_K = 60\ \Omega$
Gesucht: P_K, durch den mittleren Stromkreis übertragene Leistung P_2
$P_K = R_K \cdot I_K^2 = 60\ \Omega \cdot (0{,}09\ \text{A})^2 = 0{,}486$ W.
$P_2 = U_2 \cdot I_2 = 48\ \text{V} \cdot 0{,}09\ \text{A} = 4{,}32$ W.

Material B – Energieflussdiagramme

B1 Für die Energieübertragung mit zwei Transformatoren wurde eine Grafik wie im ▹Bild 04 angefertigt. Erstelle dazu ein Energieflussdiagramm, in dem die Verluste berücksichtigt sind.

Das Energieflussdiagramm unter Berücksichtigung von Verlusten für die Energieübertragung mit Transformatoren zeigt ▹Bild 01.

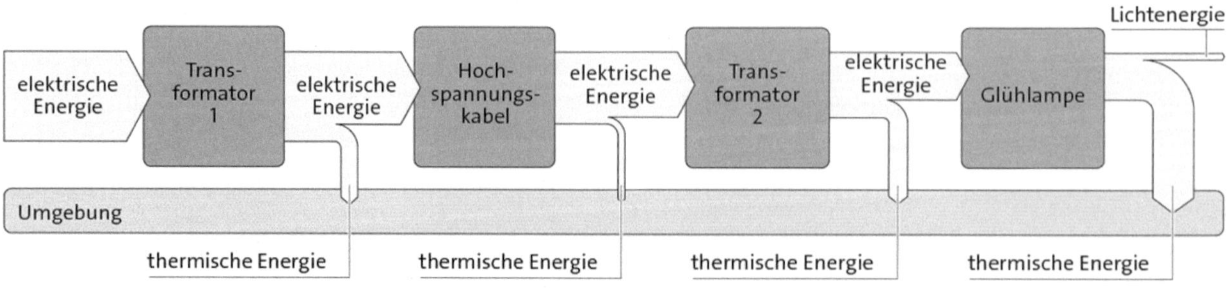

01 Energieflussdiagramm für die Energieübertragung mit Transformatoren (Aufgabe B1)

B2 Erstelle ein Energieflussdiagramm für die Übertragung ohne Transformatoren (siehe Material A, ▷Bild 03A). Erläutere unter Verwendung beider Diagramme Vor- und Nachteile der beiden Übertragungsarten.

Energieflussdiagramm für die Übertragung ohne Transformatoren:

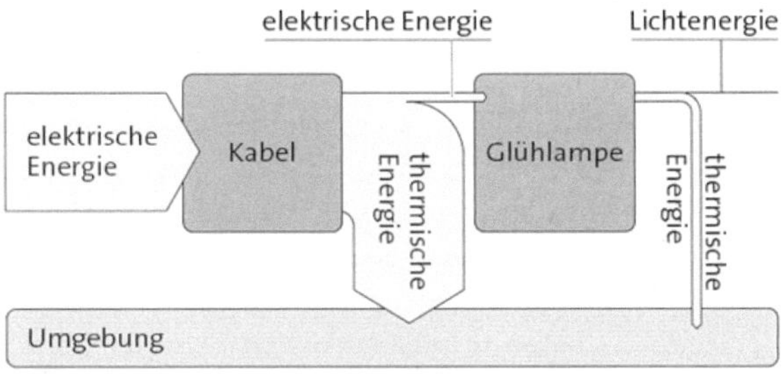

Erläuterung: Der Vorteil der Übertragung mit Transformatoren ist, dass an der Glühlampe noch viel Energie ankommt. Insbesondere sind die Verluste in den (Hochspannungs-)Kabeln gering. Hauptnachteil ist natürlich, dass teure Transformatoren eingebaut werden müssen.

Die Übertragung ohne Transformatoren ist offenbar nur über kurze Strecken sinnvoll. Dann treten in den Kabeln kaum Verluste auf. Dieser Umstand ist im Übrigen vorher in den äußeren Stromkreisen (Quelle und Transformator 1 sowie Transformator 2 und Lampe) stillschweigend vorausgesetzt worden.

Material C – Verteilungsnetz

C1 Pro Einwohner benötigt man im Durchschnitt eine Leistung von 1,0 kW. Berechne, wie groß die mittlere Stromstärke in einer 380 kV-Leitung ist, die eine Stadt von 30 000 Einwohnern versorgt.

Gegeben: durchschnittliche Leistung pro Einwohner $P_1 = 1{,}0$ kW, Hochspannung $U_2 = 380$ kV, Zahl der Einwohner $n = 30\,000$

Gesucht: Stromstärke I_2 in der Hochspannungsleitung

Zu übertragende Leistung:

$P_2 = 30\,000 \cdot 1\text{ kW} = 30\,000\text{ kW}.$

$$I_2 = \frac{P_2}{U_2} = \frac{30\,000\text{ kW}}{380\text{ kV}} = 78{,}95\text{ A}.$$

C2 Informiere dich über den sogenannten Stromkrieg: T. A. EDISON gegen G. WESTINGHOUSE und N. TESLA. Schreibe einen kurzen Zeitungsbericht. Erläutere dabei, warum sich Wechselstrom damals durchgesetzt hat.

In den Zeitungsartikel über den Stromkrieg sollten folgende Aspekte einfließen:

- THOMAS ALVA EDISON (1847–1931) errichtete 1882 in New York das erste Stromübertragungsnetz der Welt, um Glühlampen mit elektrischer Energie zu versorgen: Es wurde Gleichstrom bei einer Spannung von 110 V verwendet.
- Aufgrund der Leistungsverluste in den Kabeln mussten hohe Stromstärken verwendet werden.

  Deshalb waren Leitungen mit großen Querschnitten nötig, auch um die Widerstände der Leitungen klein zu gestalten. Das war unwirtschaftlich. Um die Leitungswiderstände gering zu halten, mussten auch die Entfernungen zwischen Kraftwerk und Verbraucher klein gehalten werden. Das führte zu dezentralen Kraftwerken und dazu, dass Personen, die es sich leisten konnten, eigene Generatoren verwendeten.
- GEORGE WESTINGHOUSE (1846–1914) erkannte die Schwächen der Energieverteilung durch Gleichstromnetze und stellte seine Technik, die Wechselspannung und Transformatoren verwendete, 1886 der Öffentlichkeit vor. Er musste zunächst Vorbehalte gegenüber der Wechselspannung auflösen, denn sie wurde für gefährlich gehalten.
- Das Wechselspannungskonzept setzte sich seit 1888 durch, da WESTINGHOUSE unter Mithilfe von NICOLA TESLA (1856–1943) leistungsfähige Wechselstrommotoren entwickelte, die sich gut verkauften. Auch der Auftrag, für die Weltausstellung 1893 in Chicago ein Wechselstromnetz zu liefern, war für WESTINGHOUSE von Vorteil.
- Erst 1928 stoppte die Firma Con Edison den Ausbau von Gleichstromnetzen endgültig. Der letzte Gleichstromkunde wurde erst im Jahre 2007 auf Wechselstrom umgestellt.

4 Erhaltungssätze

Mechanische Energieformen

Seite 91

1 Bei der Bobbahn in Altenberg überwindet ein Viererbob mit einer Masse von 630 kg eine Höhe von 122 Metern. Bei der Zieleinfahrt wird eine Geschwindigkeit von 130 km/h gemessen. Bestimme die Höhenenergie beim Start. Berechne die maximale Bewegungsenergie des Bobs bei der Zieleinfahrt. Diskutiere dein Ergebnis.

Gegeben: Masse $m = 630$ kg, Höhe $h = 122$ m, Geschwindigkeit bei der Zieleinfahrt $v = 130$ km/h = 36 m/s

Gesucht: Höhenenergie beim Start, Bewegungsenergie im Ziel

Die Höhenenergie beim Start beträgt:

$$E_{\text{Höhe}} = m \cdot g \cdot h = 630\ \text{kg} \cdot 9{,}8\ \frac{\text{m}}{\text{s}^2} \cdot 122\ \text{m}$$

$$= 753\,228\ \text{Nm}.$$

Die Bewegungsenergie im Ziel beträgt:

$$E_{\text{Bew}} = \frac{1}{2}\, m \cdot v^2 = \frac{1}{2} \cdot 630\ \text{kg} \cdot (36\ \frac{\text{m}}{\text{s}})^2$$

$$= 408\,240\ \text{Nm}.$$

Offensichtlich wird nur ein Teil der Höhenenergie in Bewegungsenergie des Bobs umgewandelt. Der andere Teil wird durch Luftreibung und Reibung auf dem Eis an die Umgebung abgegeben.

Seite 92

1 Eine Feder hat die Federkonstante 100 N/m. Die Feder wird um 5,0 cm gedehnt. Bestimme die maximale Kraft, die dabei ausgeübt wird. Berechne die gespeicherte Spannenergie.

Gegeben: Federkonstante $D = 100$ N/m, $s = 5{,}0$ cm

Gesucht: maximale Kraft, Spannenergie

Die maximale Kraft ist:

$$F = D \cdot s = 100\ \frac{\text{N}}{\text{m}} \cdot 0{,}05\ \text{m} = 5\ \text{N}.$$

Die gespeicherte Spannenergie ist dann:

$$E_{\text{Spann}} = \frac{1}{2} D \cdot s^2 = \frac{1}{2} \cdot 100\ \frac{\text{N}}{\text{m}} \cdot (0{,}05\ \text{m})^2 = 0{,}125\ \text{Nm}.$$

Seite 93 (Material)

Versuche – Wir messen Energie

V1 Höhenenergie im Treppenhaus

a) Um die Ergebnisse der Schülerinnen und Schüler vergleichen zu können, sollte man für alle ein gemeinsames Bezugsniveau festlegen.

b) Die Höhe des Bezugsniveaus über dem Meeresspiegel können die Schülerinnen und Schüler aus einer Landkarte mit Höhenlinien ablesen oder im Internet recherchieren.

V2 Bewegungsenergie beim Fadenpendel

Für diesen Versuch kann eine Lichtschranke mit einem Digitalzähler oder einem Messwerterfassungssystem eingesetzt werden. Für die Geschwindigkeitsbestimmung muss der Durchmesser des Pendelkörpers bestimmt werden. Beim Aufbau muss darauf geachtet werden, dass der Pendelkörper im tiefsten Punkt die Lichtschranke passiert. Die Starthöhe wird mit einem Lineal gemessen. Die Starthöhe sollte in gleichmäßigen Schritten variiert werden.

Die Werte für die Höhenenergie und die Bewegungsenergie werden etwas voneinander abweichen. Als Ursache kommen Messfehler beim Ablesen der Starthöhe und beim Durchmesser des Pendelkörpers, sowie die Reibung an der Aufhängung des Pendelkörpers in Frage.

b) Das Pendel erreicht wieder nahezu die Starthöhe, weil die Gesamtenergie erhalten bleiben muss.

V3 Spannenergie

a) Die Ergebnisse hängen von der Art des Gummibands ab. Es sollte darauf geachtet werden, dass geeignete Ausdehnungen gewählt werden, damit eine ausreichende Anzahl von Messwerten aufgenommen wird.

b) –

c) Die Ausdehnung kann abgeschätzt werden, indem die Kurve durch eine Gerade oder einzelne Kurvenabschnitte durch Geraden angenähert werden. Die Fläche unter der Kurve kann in geeignete Teilflächen zerlegt werden.

Material A – Energieformen beim Sport

A1 Ein Sportler (Masse 85 kg) überspringt beim Stabhochsprung eine Höhe von 6 m (▹Bild 06).
a) Gib an, welche Energieformen hierbei auftreten.
b) Berechne die maximale Höhenenergie des Springers.
c) Schätze ab, welche Geschwindigkeit der Stabhochspringer beim Anlauf ungefähr erreichen kann. Bestimme seine Bewegungsenergie. Vergleiche deine berechneten Werte und diskutiere sie.

a) Beim Anlauf hat der Sportler Bewegungsenergie, nach dem Absprung hat er Bewegungsenergie und Höhenenergie und im Stab wird Spannenergie gespeichert. Sobald der Stab seine stärkste Krümmung erreicht hat, beginnt der Sportler seine Beine anzuheben. Es wird Spannenergie vom Stab und Energie von den Muskeln in Höhenenergie und Bewegungsenergie umgewandelt. Ist der Stab wieder ganz entspannt, stößt sich der Sportler von der Stange ab. Dann hat er Bewegungs- und Höhenenergie. Im höchsten Punkt hat er nur noch Höhenenergie.

b) Gegeben: übersprungene Höhe $h = 6$ m, Masse des Springers $m = 85$ kg

Gesucht: maximale Höhenenergie des Springers

Der Schwerpunkt des Springers muss eine noch größere Höhe als 6 m erreichen. Für diese Berechnung soll nur die übersprungene Höhe berücksichtigt werden.

$$E_{\text{Höhe}} = m \cdot g \cdot h = 85\ \text{kg} \cdot 9{,}8\ \frac{\text{m}}{\text{s}^2} \cdot 6\ \text{m} = 4998\ \text{Nm}.$$

c) Für 100 m braucht ein trainierter Sportler etwa 10 s. Man kann deshalb annehmen, dass der Hochspringer beim Anlauf ungefähr eine Geschwindigkeit $v = 10$ m/s erreichen kann. Seine Bewegungsenergie ist dann:

$$E_{\text{Bew}} = \frac{1}{2}\ m \cdot v^2 = \frac{1}{2} \cdot 85\ \text{kg} \cdot (10\ \frac{\text{m}}{\text{s}})^2 = 4250\ \text{Nm}.$$

Die Bewegungsenergie ist kleiner, als die maximale Höhenenergie. Das liegt daran, dass zusätzlich zur Bewegungsenergie Energie aus den Muskeln in Höhenenergie bzw. zuerst in Spannenergie des Stabes und dann wieder in Höhenenergie umgewandelt wird.

A2 Ein Fußball (Masse 450 g) wird mit einer Geschwindigkeit von 120 km/h geschossen. Ein Spieler nimmt den Ball mit dem Kopf an und erzielt ein Tor. Berechne die Energie, die dabei für die Verformung des Balls umgewandelt wird.

Beim Kopfball wird die Bewegungsenergie des Balls für die Verformung umgewandelt.

$$E_{\text{Bew}} = \frac{1}{2}\ m \cdot v^2 = \frac{1}{2} \cdot 0{,}45\ \text{kg} \cdot (33\ \frac{\text{m}}{\text{s}})^2 = 245\ \text{Nm}.$$

Der Energieerhaltungssatz

Seite 95

1 Ein 1,8 m großer Mann ($m = 80$ kg) möchte von einer 120 m hohen Brücke einen Bungeesprung wagen. Zur Sicherheit soll er 10 m über dem Boden den tiefsten Punkt erreichen. Das Seil hat eine Federkonstante von 40 N/m. Bestimme die notwendige Seillänge.

Gegeben: Fallhöhe $h = 110$ m, Federkonstante $D = 40$ N/m, Masse des Springers $m = 80$ kg, Körpergröße des Springers $l_K = 1{,}8$ m

Gesucht: notwendige Seillänge

Legt man das Bezugsniveau auf den tiefsten Punkt, dann folgt aus dem Energieerhaltungssatz:

$$E_{\text{ges}} = m \cdot g \cdot (h - l_K)$$
$$= 80\ \text{kg} \cdot 9{,}8\ \frac{\text{m}}{\text{s}^2} \cdot 108{,}2\ \text{m} = 84\,829\ \text{Nm}.$$

Im tiefsten Punkt ist die gesamte Energie in Spannenergie umgewandelt. Es gilt: $E_{\text{ges}} = 0{,}5 \cdot D \cdot s^2$.

Wir lösen nach s auf und erhalten:

$$s = \sqrt{\frac{2\ E_{\text{ges}}}{D}} = \sqrt{\frac{2 \cdot 84\,829\ \text{Nm}}{40\ \frac{\text{N}}{\text{m}}}} = 65{,}1\ \text{m}.$$

Die Höhe h setzt sich zusammen aus der gesuchten Seillänge l, der Ausdehnung s und der Körpergröße l_k:

$h = s + l + l_k$, aufgelöst nach l ergibt:

$l = h - s - l_k = 110\ \text{m} - 65{,}1\ \text{m} - 1{,}8\ \text{m} = 43{,}1\ \text{m}$.

Die notwendige Seillänge beträgt also 43,1 m.

Seite 96

1 Ein Ball wird mit einer Geschwindigkeit von 10 m/s senkrecht nach oben geworfen. Stell eine Energiebilanz auf. Bestimme die Höhe, die der Ball maximal erreichen kann. Begründe, warum das Ergebnis unabhängig von der Masse des Balls ist.

Energiebilanz: $E_{\text{ges}} = E_{\text{Höhe}} + E_{\text{Bew}}$

Das Bezugsniveau wird auf die Position gelegt, in der der Ball die Hand verlässt. Beim Abwurf hat der Ball die Geschwindigkeit $v = 10$ m/s und damit die Gesamtenergie $E_{\text{ges}} = E_{\text{Bew}} = 0{,}5 \cdot m \cdot v^2$.

Im höchsten Punkt ist die gesamte Bewegungsenergie in Höhenenergie umgewandelt: $E_{\text{ges}} = E_{\text{Höhe}} = m \cdot g \cdot h$.

Daraus folgt:

$$\frac{1}{2} \cdot m \cdot v^2 = m \cdot g \cdot h.$$

Nach h aufgelöst, ergibt:

$$h = \frac{1}{2} \cdot \frac{v^2}{g} = \frac{1}{2} \cdot \frac{\left(10\ \frac{\text{m}}{\text{s}}\right)^2}{9{,}8\ \frac{\text{m}}{\text{s}^2}} = 5{,}1\ \text{m}.$$

Da sowohl die Höhenenergie als auch die Bewegungsenergie proportional zur Masse m sind, kürzt sich die Masse heraus.

Seite 97 (Material)

Versuche – Energieerhaltung

V1

Wird zur Messwerterfassung eine Videokamera eingesetzt, dann erfolgt die Auswertung mit einem Videoanalyseprogramm. Wird ein Ultraschallbewegungssensor eingesetzt, kann die Auswertung direkt mit der Software des Systems erfolgen. Bei allen Auswertungen wird die maximale Höhe nach jedem Aufprall bestimmt. Daraus wird die Höhenenergie berechnet. Die Differenz zur Höhenenergie in 1,5 m Höhe entspricht der Energie, die in innere Energie umgewandelt wurde.

V2

Beim Tischtennisball wird deutlich weniger Energie in innere Energie umgewandelt als beim Tennisball. Die Umwandlung beim Fußball und Basketball hängt sehr stark davon ab, wie gut der Ball jeweils aufgepumpt wurde.

Material A – Energieerhaltung beim Federpendel

A1 a) Skizziere die Zustände eines Federpendels, die jeweils zu den Auslenkungen A bis E gehören.
b) Gib die Anteile der Energieformen für die jeweiligen Auslenkungen A, B, D und E an.

a)

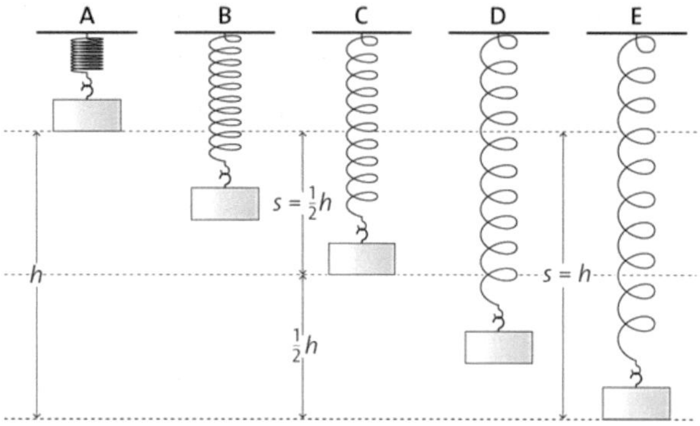

b)

Auslenkung	A	B	D	E
Höhe	100 %	75 %	25 %	0 %
E_{Spann}	0 %	5 %	55 %	100 %
E_{Bew}	0 %	20 %	20 %	0 %

A2 Erstelle ein entsprechendes Diagramm für die Bewegung eines Federpendels, dessen Feder im oberen Umkehrpunkt nicht vollständig entspannt ist.

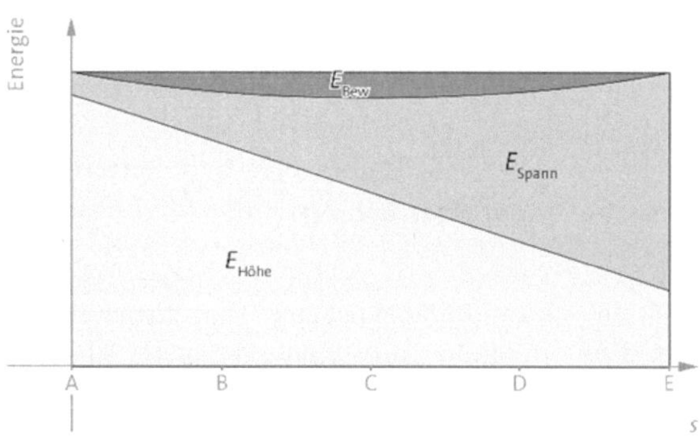

Da die Feder im oberen Umkehrpunkt nicht vollständig entspannt ist, ist in diesem Zustand neben der Höhenenergie auch noch Spannenergie im System. Die Bewegungsenergie ist dann null. Beim Durchgang durch die Gleichgewichtslage ist die Bewegungsenergie maximal. Im tiefsten Punkt ist die Spannenergie maximal, aber es ist auch noch Höhenenergie im System. Die Gesamtenergie ist geringer, als in A1.

Material B – Auf dem Jahrmarkt

B1 Die Schiffschaukel im ▹Bild 03 hat einen Radius von 5 m. Der Fahrer macht gerade einen Überschlag (▹Bild 03). Er hat eine Masse von 75 kg.
a) Stelle für den Hochpunkt eine Energiebilanz auf.
b) Berechne die Geschwindigkeit, die der Mann im Tiefpunkt mindestens haben muss, damit er ohne weitere Anstrengung bis in den Hochpunkt steigt.
c) Ein kleiner Junge hat eine Masse von 50 kg und macht ebenfalls den Überschlag. Berechne, welche Geschwindigkeit der Junge im Tiefpunkt mindestens haben muss, damit er ohne weitere Anstrengung bis in den Hochpunkt steigt.
d) Vergleiche die Ergebnisse aus b) und c). Beschreibe die Besonderheit und erkläre diese.

a) Im Hochpunkt ist die Geschwindigkeit nahezu null. Die gesamte Energie liegt als Höhenenergie vor. Diese Höhenenergie kann maximal in Bewegungsenergie umgewandelt werden:

$E_{Höhe} = m \cdot g \cdot h = E_{Bew} = 0{,}5\ m \cdot v^2$

b) Die Höhenenergie beträgt mit $h = 2 \cdot 5\ \text{m} = 10\ \text{m}$:

$E_{Höhe} = 75\ \text{kg} \cdot 9{,}8\ \frac{\text{N}}{\text{kg}} \cdot 10\ \text{m} = 7350\ \text{J}.$

Die Mindestgeschwindigkeit ergibt sich aus:

$E_{Höhe} = E_{Bew} = 0{,}5\ m \cdot v^2 \quad |\cdot 2 \quad |: m \quad |\sqrt{}$

$$v = \sqrt{\frac{2 \cdot E_{Höhe}}{m}} = \sqrt{\frac{2 \cdot 7350\ \text{J}}{75\ \text{kg}}} = 14\ \frac{\text{m}}{\text{s}} = 50{,}4\ \frac{\text{km}}{\text{h}}.$$

c) Die gleiche Rechnung wie in b) liefert:

$E_{Höhe} = 50\ \text{kg} \cdot 9{,}8\ \frac{\text{N}}{\text{kg}} \cdot 10\ \text{m} = 4900\ \text{J}.$

$$v = \sqrt{\frac{2 \cdot E_{Höhe}}{m}} = \sqrt{\frac{2 \cdot 4900\ \text{J}}{50\ \text{kg}}} = 14\ \frac{\text{m}}{\text{s}} = 50{,}4\ \frac{\text{km}}{\text{h}}.$$

d) Die Geschwindigkeiten sind gleich. Das können wir so begründen:
Die Höhenenergie und die Bewegungsenergie sind beide proportional zur Masse. Daher könnten wir die Masse bei der Energiebilanz herauskürzen. Daher ist die Geschwindigkeit unabhängig von der Masse.

Atom- und Kernphysik

Didaktische Hinweise

Der Aufbau des Atoms:
Die historische Entwicklung der Vorstellungen zum Atomaufbau war ein langer Prozess, der in einem Schulbuch nur stark verkürzt dargestellt werden kann. Es entspricht der Vorgehensweise von Universum Physik, Modellvorstellungen nicht einfach nur mitzuteilen, sondern ausgehend von experimentellen Indizien behutsam zu entwickeln. Als erster zentraler Versuch zeigt der glühelektrische Effekt, dass Metalle negativ und positiv geladene Teilchen enthalten, wobei die negativ geladenen Teilchen, die Elektronen, sehr viel leichter abgegeben werden als die positiv geladenen. Die Vorstellung, dass Gegenstände – die gesamte Materie – aus kleinsten Teilchen bestehen („Atome sind Bausteine der Materie"), wurde bereits im Unterricht erarbeitet, z. B. bei Modellvorstellungen zum inneren Aufbau elektrischer Leiter, bei der Modellvorstellung vom elektrischen Strom und den Modellen aus der Wärmelehre. Teilchen wurden hier modellhaft meist als kleine Kügelchen dargestellt. Um nun die Beobachtungen beim Versuch zum glühelektrischen Effekt erklären zu können, hat man geschlossen, dass die Bausteine der Materie, die Atome, in ihrem Aufbau selbst positiv und negativ geladene Teilchen enthalten.
Der zweite zentrale Versuch ist der im Unterricht leider nur theoretisch zu betrachtende Streuversuch von ERNEST RUTHERFORD. Die experimentellen Beobachtungen zeigten, dass die ursprüngliche Vorstellung von JOSEPH JOHN THOMSON nicht haltbar war. Daher entwickelte RUTHERFORD die im Prinzip noch heute gültige Vorstellung, wonach Atome aus einem kleinen, positiv geladenen Kern und einer negativ geladenen Hülle bestehen.

Der Atomkern hat eine Struktur:
Ein überzeugendes Experiment zur Motivation des Aufbaus des Atomkerns ist in der Schule nicht durchführbar. Als Motivation werden die gewaltigen Geräte des LHC am CERN thematisiert, mit denen die Struktur der Materie heute weiter erforscht wird (im LHC werden neben Protonen-Kollisionen auch Bleikern-Kollisionen untersucht). Die Erkenntnis, dass man nach Kollisionen von Atomkernen Bruchstücke identifizieren kann, zeigt, dass der Atomkern selbst aus noch kleineren Bausteinen zusammengesetzt ist. Die Art der Zusammensetzung wird anschließend mitgeteilt.
Der Zugang zu Isotopen erfolgt über das Massenspektrometer. Durch Messungen wird deutlich, dass es Kerne ein- und desselben Elements mit unterschiedlichen Neutronenzahlen gibt.

Ionisierende Strahlung:
Die mögliche Gefährdung durch Röntgenstrahlung beim Arzt stellt einen motivierenden Einstieg in das Thema dar. Zuerst wird geklärt, was Ionisation überhaupt bedeutet. Dann wird gezeigt, dass Röntgenstrahlung und die Strahlung radioaktiver Stoffe Moleküle ionisieren kann. Darauf beruht auch die gesundheitsschädliche Wirkung dieser Strahlung, die hier nur angeschnitten und später vertieft betrachtet wird.
Die ionisierende Wirkung wird genutzt, um diese Art der Strahlung nachzuweisen, z. B. in einem Zählrohr. Bau und Funktion des Zählrohres werden in einem Blickpunkt detaillierter betrachtet.
Experimente zur Reichweite und zur Abschirmung von Strahlung, die von radioaktiven Substanzen ausgeht, zeigen in diesem Kapitel, dass es unterschiedliche Arten von ionisierender Strahlung gibt, insbesondere α-, β- und γ-Strahlung. Diese Strahlungsarten werden anschließend mit den entsprechenden Zerfallsarten erklärt. Mit β-Strahlung meinen wir im Buch in der Regel β^--Strahlung. Mit der Methode „Arbeiten mit der Nuklidkarte" können Schülerinnen und Schüler selbstständig Zerfälle vorhersagen.

Radioaktiver Zerfall:
Von der C-14-Methode zur Altersbestimmung dürften etliche Schülerinnen und Schülern schon einmal gehört haben. Ausgangspunkt für die weiteren Überlegungen ist allerdings der Zerfall von Protactinium. Zum einen aufgrund der geringen Halbwertszeit von ca. 70 s und zum anderen deshalb, weil in vielen Schulen entsprechende Präparate vorhanden sind. Über die Aktivität wird der Bogen zur Bestimmung der Menge des betrachteten radioaktiven Stoffs wie z. B. Protactinium oder C-14 hergestellt. In einem Modellversuch mit Reißnägeln können Schülerinnen und Schüler die Gesetzmäßigkeiten des exponentiellen Zerfalls selbstständig erkunden. Material B ermöglicht die Thematisierung des Zerfallsgesetzes und geht damit über das Kerncurriculum hinaus.

Strahlenschäden und Strahlenschutz:
Dieser Abschnitt soll die Lernenden zu einer fachkundigen Mitsprache über die Gefährdung durch und den Schutz vor ionisierender Strahlung befähigen. Wichtig sind die Unterscheidung in Früh-, Spät- und genetische Schäden sowie eine anschauliche Erklärung der Äquivalentdosis.

Kernenergie:
Anhand konkreter Beispiele wird der Massendefekt als Grund für die Energiefreisetzung bei Kernumwandlungen herausgearbeitet. Energie kann sowohl bei Kernfusion als auch bei Kernspaltung freigesetzt werden. Dies scheint sich auf den ersten Blick zu widersprechen. Die Erklärung erfolgt über die mittlere Energie und damit auch mittlere Masse pro Nukleon im Atomkern. Aufgrund aktueller politischer Entscheidungen steht die technische Nutzung der Kernenergie nicht im Vordergrund. Entsprechende Blickpunkte und Materialien eignen sich zur Erarbeitung dieser Aspekte, insbesondere auch zum noch ungelösten Problem der Endlagerung radioaktiver Abfälle.

1 Atomkern und Radioaktivität

Der Aufbau des Atoms

Seite 103

1 Im Versuch im ▹Bild 04 wird das Elektroskop negativ geladen. Jemand vermutet, dass die Ladung auf dem Elektroskop beim Glühen der Drahtwendel zunehmen sollte. Dies geschieht jedoch nicht. Erkläre.
Ist das Elektroskop negativ geladen, dann ist auch die Anode negativ geladen. Durch die negative Ladung auf der Anode erfahren die Elektronen aus dem Glühdraht abstoßende Kräfte, sodass sie nicht auf die Anode gelangen können. Die negative Ladungsmenge auf dem Elektroskop nimmt somit nicht zu.

2 Manchmal ist bei einer „durchgebrannten" Glühlampe ein metallischer dunkler Belag am Glas sichtbar. Erkläre, wie dieser entstanden ist.
Ist bei einer Glühlampe der Glühdraht durchgebrannt, dann ist oft zuvor der Glühdraht zu sehr erhitzt worden (durch eine zu große Stromstärke beim Einschalten). Durch die hohe Temperatur verdampft der Draht, der Metalldampf des Drahtes kondensiert an der kälteren Glasfläche. Es entsteht ein metallischer Belag.

Seite 105 (Material)

Material A – Atommodelle

A1 Im Atommodell von THOMSON sind die Atome ganz ausgefüllt. ▹Bild 04 zeigt einen nach diesem Modell skizzierten Ausschnitt der Goldfolie.
a) Beschreibe, welches Ergebnis man erwarten würde, wenn auf diese Folie α-Teilchen geschossen werden. Übertrage die Skizze in dein Heft und ergänze mögliche Teilchenbahnen. Begründe.
b) RUTHERFORD beobachtete bei seinen Versuchen, dass fast alle α-Teilchen, die auf die Goldfolie geschossen wurden, die Folie durchdrangen. Erkläre diese Beobachtung mithilfe des RUTHERFORD'schen Atommodells. Skizziere dazu den Aufbau der Goldfolie nach dem Kern-Hülle-Modell und zeichne einige Teilchenbahnen ein.
c) Überlege, was mit einem positiven α-Teilchen geschieht, das sich direkt auf den Atomkern zubewegt. Skizziere eine solche Teilchenbahn. Skizziere auch Bahnen von α-Teilchen, die sich nahe am Kern vorbeibewegen.
d) Auch das RUTHERFORD'sche Atommodell kann nicht alles erklären. Welche Widersprüche kannst du aufzeigen?

a)

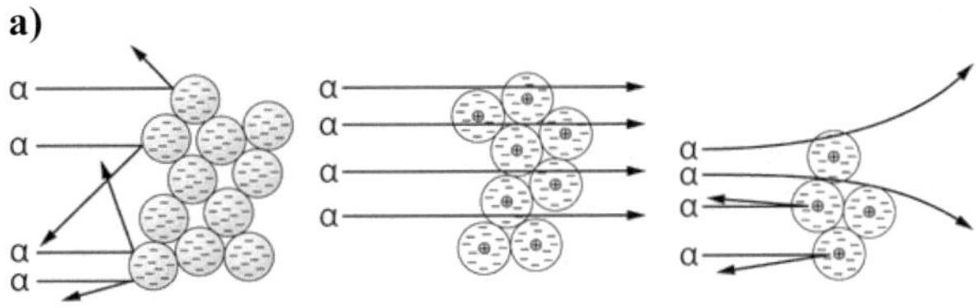

A B C

a) α-Teilchen sollten von den Atomen reflektiert werden, ähnlich wie ein Ball an einer Wand (▹Bild A).
b) Um einen kleinen positiven Kern ist viel freier Raum, dadurch können die α-Teilchen ohne Ablenkung gerade durchfliegen (▹ Bild B).
c) Bewegt sich ein α-Teilchen (positiv geladen) direkt auf einen positiven Kern zu, dann wird es von dem Kern abgestoßen (▹Bild C).
d) Da der Atomkern positiv geladen ist und die Elektronen in der Atomhülle negativ geladen sind, müssten diese vom Atomkern angezogen werden und zu einem kleinen neutralen Teilchen werden. Ein Atom könnte also nicht stabil sein.
Mehrere Atome würden sich durch die negativ geladene Hülle abstoßen, damit könnte keine feste Materie entstehen.

A2 a) Nimm an, das ganze Atom habe die Größe eines Fußballs (Durchmesser 20 cm). Gib an, wie groß der Atomkern dann wäre.
b) Stell dir vor, man würde den Atomkern auf die Größe eines Tischtennisballs (Durchmesser 2 cm) vergrößern. Gib an, wie groß dann das gesamte Atom wäre.
a) Das ganze Atom hat dann 20 cm Durchmesser. Der Atomkern ist ungefähr 10 000-mal kleiner, also ist er 20 cm : 10 000 = 0,002 cm = 0,02 mm groß.
b) Hätte der Atomkern 2 cm Durchmesser, dann wäre das ganze Atom ungefähr 10 000-mal größer, es wäre also 2 cm · 10 000 = 20 000 cm = 200 m groß.

A3 Suche im Internet und in anderen Quellen nach Darstellungen für Atome.
a) Vergleiche sie mit dem RUTHERFORD'schen Atommodell.
b) Erarbeite Gemeinsamkeiten und Unterschiede der Modelle und bewerte diese.

a) z. B.:
(https://de.wikipedia.org/wiki/Liste_der_Atommodelle)
(http://grund-wissen.de/physik/atomphysik/atommodelle.html)
Modell von DALTON, Modell von THOMSON, Modell von BOHR

Modell von RUTHERFORD (Kern-Hülle-Modell): Positiver Kern, Elektronen in der Hülle	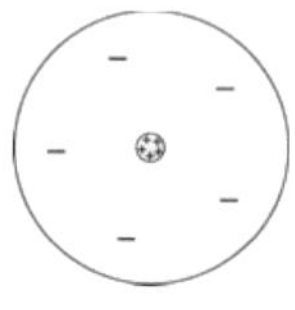
Modell von DALTON: Massive Kugel	
Modell von THOMSON: Positiv geladene Kugel mit eingelagerten Elektronen	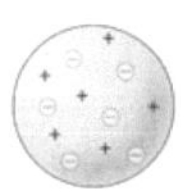
Modell von BOHR (Schalenmodell): Positiver Kern, Elektronen bewegen sich auf Kreisbahnen	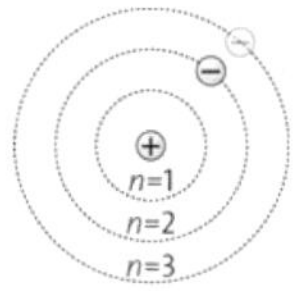

b)

Modell von RUTHERFORD (Kern-Hülle-Modell)	Atome bestehen aus Atomkern und Atomhülle	Atome bestehen aus negativ geladenen Elektronen und einem positiven kleinen Kern
Modell von DALTON	Atome sind kleine kugelförmige Teilchen	Atome sind unveränderlich und können nicht zerstört werden
Modell von THOMSON	Atome sind eine positiv geladene Kugel, in der die Elektronen eingebettet sind	Atome sind aus geladenen Teilchen aufgebaut
Modell von BOHR (Schalenmodell)	Die Elektronen kreisen auf festen Bahnen um den Atomkern	Atome bestehen aus negativ geladenen Elektronen und einem positiven kleinen Kern
Orbitalmodell	Für den Ort der Elektronen kann nur eine Wahrscheinlichkeit angegeben werden (Orbital), (keine festen Bahnen)	Atome bestehen aus negativ geladenen Elektronen und einem positiven kleinen Kern

A4 Der Begriff „Teilchen" wird für viele kleine und kleinste Objekte verwendet. Erstelle eine Liste mit möglichen Bedeutungen des Begriffs in der Physik.
Mögliche Bedeutungen des Begriffs „Teilchen":
Atome, Moleküle, Kleine Sandkörner, Wasserdampf, Gas, Elektronen, Protonen, Neutronen, Elementarteilchen, Higgs-Teilchen, …

Material B – Lichtelektrischer Effekt

B1 Eine elektrisch negativ geladene Zinkplatte wird mit einem Elektroskop verbunden. Der Zeiger des Elektroskops schlägt aus. Wenn man die Zinkplatte mit ultraviolettem Licht bestrahlt, dann wird das Elektroskop entladen. Der Zeigerausschlag geht zurück. Wenn die Zinkplatte positiv geladen ist, dann bleibt die Ladung auch bei Bestrahlung mit UV-Licht auf der Platte.
a) Nenne mehrere mögliche Erklärungen für die Entladung des Elektroskops.
b) Beschreibe, wie ein Versuch zur Überprüfung deiner Vermutungen aussehen könnte.
c) Die Versuchsergebnisse können wie beim glühelektrischen Effekt gedeutet werden. Elektronen sind im Metall nicht fest gebunden und können durch Licht herausgelöst werden. Diesen Vorgang nennt man den lichtelektrischen Effekt. Erkläre damit die Entladung des Elektroskops.

a) 1. Licht enthält positiv geladene Teilchen, diese neutralisieren die Ladung auf dem Elektroskop.
2. Durch das Licht wird die Luft leitend, das Elektroskop entlädt sich.
3. Das Licht löst aus der Metallplatte negativ geladene Elektronen aus, das Elektroskop wird entladen.

b) Zu 1.: Ein ungeladenes Elektroskop müsste sich bei Bestrahlung mit Licht positiv aufladen.
Zu 2.: Den Versuch im Vakuum durchführen, dann sollte keine Entladung mehr möglich sein.
Zu 3.: Eine positiv geladene Platte sollte bei Bestrahlung mit Licht nicht entladen werden.

c) Durch das Auftreffen von Licht auf die Metallplatte werden aus dieser negativ geladene Elektronen abgelöst, das Elektroskop wird entladen.

Der Atomkern hat eine Struktur

Seite 107

1 a) Gib für die folgenden Atomkerne jeweils an, wie viele Protonen und Neutronen sie enthalten: $^{1}_{1}X$, $^{60}_{27}X$, $^{137}_{55}X$, $^{238}_{92}X$.
b) Gib an, um welche Elemente es sich handelt.

$^{1}_{1}X$: 1 p; 0 n → H (Wasserstoff)
$^{60}_{27}X$: 27 p; 33 n → Co (Cobalt)
$^{137}_{55}X$: 55 p; 82 n → Cs (Cäsium)
$^{238}_{92}X$: 92 p; 146 n → U (Uran)

Seite 108

1 a) Gib die Elemente an, die in der Nuklidkarte im ▹Bild 02 angeführt sind.
b) Gib die Symbolschreibweise in der Form $^{A}_{Z}X$ für folgende Isotope an:
O-16, O-18, N-15, C-12 und B-11.

a) Bor, Kohlenstoff, Stickstoff, Sauerstoff
b) O-16 → Sauerstoff → $^{16}_{8}O$
O-18 → Sauerstoff → $^{18}_{8}O$
N-15 → Stickstoff → $^{15}_{7}N$
C-12 → Kohlenstoff → $^{12}_{6}C$
B-11 → Bor → $^{11}_{5}B$

2 Bestimme aus der Liste unten Nuklide mit ...
a) der gleichen Ordnungszahl,
b) der gleichen Massenzahl,
c) der gleichen Anzahl an Neutronen.
$^{12}_{6}C$, $^{14}_{7}N$, $^{13}_{6}C$, $^{16}_{8}O$, $^{15}_{7}N$, $^{18}_{8}O$, $^{14}_{6}C$

a) Je gleiche Ordnungszahl: $^{12}_{6}C$, $^{13}_{6}C$ und $^{14}_{6}C$; $^{14}_{7}N$ und $^{15}_{7}N$; $^{16}_{8}O$ und $^{18}_{8}O$
b) Gleiche Massenzahl: $^{14}_{7}N$ und $^{14}_{6}C$
c) Je gleiche Neutronenzahl: $^{14}_{7}N$ und $^{13}_{6}C$

Seite 109 (Material)

Versuche – Modellversuch zum Aufbau eines Atomkerns

V1
a) Die Magnete lassen sich nicht nahe zueinanderbringen.
b) Stahlmuttern und Magnete ziehen sich an. Dadurch gelingt es, dass alle „Teilchen“ ein zusammenhängendes Ganzes bilden.
c) Protonen → Magnete (gleichnamige Pole): In beiden Fällen werden abstoßende Kräfte aufeinander ausgeübt.
Neutronen → Stahlmuttern: In beiden Fällen werden keine Kräfte aufeinander ausgeübt
Hinweis: Von der Gravitationskraft wird abgesehen.

d)
Gut: Protonen bleiben durch Neutronen „näher zusammen“, anstatt sich durch Abstoßung voneinander wegzubewegen.
Schlecht: Die Reichweite der Anziehungskraft zwischen Proton und Neutron wird nicht richtig dargestellt.
Gar nicht: Protonen würden sich durch Kernkräfte gegenseitig anziehen, wenn man sie eng zusammenschiebt.

Material A – Systematische Darstellung zum Aufbau der Atome

A1 a) Übertrage und ergänze die Tabelle (keine Ionen). Nutze das Periodensystem der Elemente (PSE).
b) Notiere, welche Informationen über den Aufbau von Atomkernen das PSE nicht gibt.
a)

Name der Atomsorte	Symbol des Nuklids	Massenzahl	Anzahl der Protonen	Anzahl der Neutronen	Anzahl der Elektronen
Sauerstoff	**$^{16}_{8}O$**	16	8	8	8
Natrium	$^{23}_{11}Na$	23	11	**12**	11
Aluminium	$^{27}_{13}Al$	27	13	**14**	**13**
Silicium	$^{30}_{14}Si$	**30**	14	16	**14**
Quecksilber	$^{200}_{80}Hg$	**200**	80	120	80
Quecksilber	$^{204}_{80}Hg$	204	**80**	**124**	80
Uran	**$^{238}_{92}U$**	238	92	146	92
Plutonium	$^{241}_{94}Pu$	**241**	**94**	147	94

b) Das PSE enthält keine Informationen über die Anzahl der Neutronen eines Nuklids.

Material B – Wasserstoff ist nicht gleich Wasserstoff

B1 Wasserstoff kommt in drei Nukliden vor (▹Bild 04):
a) normaler Wasserstoff,
b) schwerer Wasserstoff (Deuterium),
c) überschwerer Wasserstoff (Tritium).
Gib jeweils die Symbolschreibweise an.
Zeichne den Ausschnitt der Nuklidkarte, der die drei Wasserstoff sorten enthält.

a) $^{1}_{1}$H, **b)** $^{2}_{1}$H, **c)** $^{3}_{1}$H

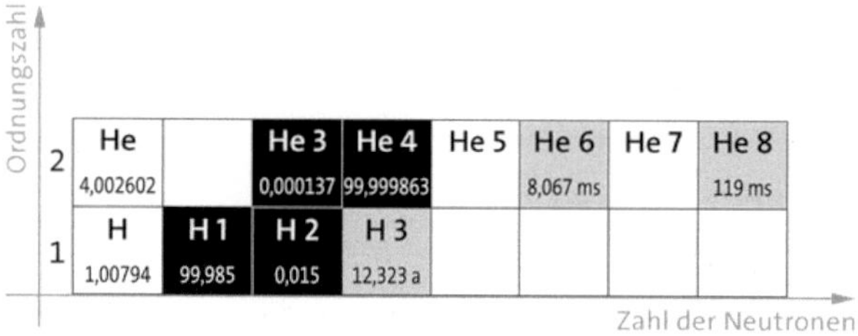

Ionisierende Strahlung

Seite 111

1 a) Fertige eine Skizze des Versuchs im ▹Bild 03 an. Nimm an, dass die elektrische Ladung des Drahts positiv ist.
b) Beschreibe, was nach der Ionisation von Stickstoffmolekülen in der Luft geschieht.

a)

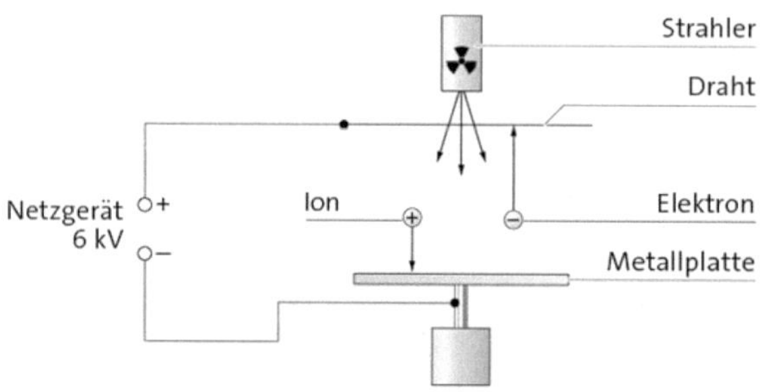

b) Nach der Ionisation von Stickstoffmolekülen sind positiv geladene Stickstoffionen und abgetrennte Elektronen vorhanden. Durch die Spannung zwischen Draht und Metallplatte werden auf die elektrischen Ladungen Kräfte ausgeübt. Die Ionen und Elektronen werden beschleunigt. Sind ausreichend Ionen und Elektronen vorhanden, so wird das Gas elektrisch leitfähig.

Seite 113

1 Die Messung eines Strahlers mit dem Zählrohr ergibt 120 Signale in 30 s. Die Nullrate beträgt 200 Signale in 10 min. Gib die von dem Strahler erzeugte Zählrate an.

Von der gemessenen Zählrate muss man die Nullrate abziehen. Die Nullrate beträgt 200 Signale in 10 min. bzw. 10 Signale in 30 s. Die Zählrate beträgt also 110 Signale.

2 In welche Richtung müsste das Zählrohr aus ▹Bild 04 verschoben werden bei Strahlung, die elektrisch positiv bzw. negativ geladen ist? Skizziere.

Bei elektrisch positiv geladener Strahlung: Verschiebung des Zählrohres nach links; bei elektrisch negativ geladener Strahlung: Verschiebung des Zählrohres nach rechts (jeweils vom Strahler aus gesehen).

Seite 114

1 Erläutere Unterschiede und Gemeinsamkeiten der drei Strahlungsarten.

Unterschiede:
Alpha- und Betastrahlung sind Teilchenstrahlung, Gammastrahlung ist eine elektromagnetische Strahlung.
Alpha- und Betastrahlung tragen elektrische Ladung, Gammastrahlung nicht.
Alpha- und Betastrahlung werden aufgrund ihrer Ladung in magnetischen und elektrischen Feldern unterschiedlich abgelenkt. Gammastrahlung wird nicht abgelenkt.
Die Reichweiten in Luft und in Materie der drei Strahlungsarten unterscheiden sich deutlich.

Seite 115 (Material)

Versuche – Natürliche Radioaktivität in Gebäuden

V1 Messung der Radioaktivität

a) – **f)**

g) Um die Partikel mit radioaktiven Substanzen auf einen kleinen Raum zu konzentrieren, den man mit dem Zählrohr erfassen kann, sollte man die Luft aus dem Ballon herauslassen.

Material A – Radioaktivität und Medizin

A1 a) Gib eine Vermutung an, welche Strahlenart für eine Szintigrafie in Frage kommt. Begründe deine Vermutung.
b) Bewerte die Nachteile solcher Untersuchungen.

a) Für die Szintigrafie muss eine Strahlungsart in Frage kommen, die ein ausreichendes Durchdringungsvermögen hat. Alphastrahlung wird bereits von der menschlichen Haut aufgehalten. Betastrahlung durchdringt den menschlichen Körper auch nicht vollständig. Vermutung: Es wird Gammastrahlung eingesetzt.

b) Der Hauptnachteil dieser Untersuchung besteht darin, dass der Körper für eine bestimmte Zeit einer ionisierenden Strahlung ausgesetzt werden muss.

Material B – Strahlung im elektrischen Feld

B1 Mischstrahler senden gleichzeitig Alpha-, Beta- und Gammastrahlung aus. ▹Bild 06 zeigt die Wege der Strahlung eines Mischstrahlers im elektrischen Feld. Ordne den Strahlungsarten den zugehörigen Weg zu. Begründe deine Entscheidung.

Alphastrahlung: Weg 3; Alphastrahlung trägt positive elektrische Ladung. Deshalb wird sie zur negativ geladenen Platte hin abgelenkt.

Betastrahlung: Weg 1; Betastrahlung trägt negative elektrische Ladung. Deshalb wird sie zur positiv geladenen Platte hin abgelenkt.

Gammastrahlung: Weg 2; Gammastrahlung trägt keine elektrische Ladung. Deshalb wird sie im elektrischen Feld nicht abgelenkt.

Radioaktiver Zerfall

Seite 117

1 a) Bestimme, nach wie viel Halbwertszeiten über 99 % eines radioaktiven Stoffes zerfallen sind.
b) Bestimme, wann dieser Zeitpunkt bei C-14 erreicht ist.

a) Nach der 1. HWZ: 1/2,
nach der 2. HWZ: $1/2^2 = 1/4$,
nach der 3. HWZ: $1/2^3 = 1/8$,
…,
nach der 7. HWZ: $1/2^7 = 0{,}0078 = 0{,}78$ %.

Nach der 7. HWZ sind über 99 % eines radioaktiven Stoffs zerfallen.

b) Für C-14 ist dieser Zeitpunkt erreicht nach $7 \cdot 5730$ a = 40 110 a.

Hinweis: Eine genaue Rechnung für den Zeitpunkt, zu dem 99 % zerfallen sind, ergibt 6,64 HWZ.

Seite 118

1 $^{238}_{92}$U ist ein Alphastrahler. Welches Nuklid folgt damit in der Uran-Actinium-Reihe? Gib die Umwandlungsgleichung an.

Es folgt das Nuklid Th-234.

Umwandlungsgleichung: $^{238}_{92}\text{U} \rightarrow {}^{234}_{90}\text{Th} + {}^{4}_{2}\text{He}$.

2 Die Uran-Radium-Reihe endet bei dem stabilen Nuklid $^{206}_{82}$Pb, das gleich zwei Vorgängernuklide hat – einen Alphastrahler und einen Betastrahler. Gib die beiden Vorgängernuklide in der Zerfallsreihe an.

Das Vorgängernuklid mit Alphazerfall ist $^{210}_{84}\text{Po}$.

Das Vorgängernuklid mit Betazerfall ist $^{206}_{81}\text{Tl}$.

3 Gib eine Vermutung über die Halbwertszeiten der Ausgangsnuklide der Zerfallsreihen an. Begründe deine Vermutung.

Vermutung: Die Halbwertszeiten der Ausgangsnuklide der natürlichen Zerfallsreihen sind größer als das Alter der Erde.

Begründung: Diese Ausgangsnuklide der Zerfallsreihen existieren noch. Wären die Halbwertszeiten viel kleiner als das Erdalter, müssten diese Zerfallsreihen heute „ausgestorben" sein.

Seite 119 (Material)

Versuch – Modellversuch „Reißnagelzerfall"

a), b) –

c)

Halbwertszeit: Anzahl der Zeiteinheiten, die benötigt werden, bis nur noch die Hälfte der Reißnägel „nicht zerfallen" sind.

Aktivität: Anzahl der „zerfallenen Reißnägel" in einer Zeiteinheit.

Eine Zeiteinheit: Vorgang des Einsammelns in den Behälter aller „nicht zerfallenen" Reißnägel, erneutes Schütteln und erneutes Entleeren.

d), e) –

Material A – Np-237-Reihe

A1 a) Gib mithilfe der Nuklidkarte die vollständige Zerfallsreihe ausgehend von Np-237 an.
***Hinweis:* Das letzte Nuklid dieser Reihe ist das stabile Bi-209.**
b) Begründe, dass die Np-237-Zerfallsreihe in der Natur nicht existiert.
***Hinweis:* Beachte die Halbwertszeiten der Zerfallsprodukte.**

a) Die Zerfallsreihe lautet:
Np-237 → Pa-233 → U-233 → Th-229 → Ra-225 → Ac-225 → Fr-221 → At-217 → Bi-213 → Po-213 → Pb-209 → Bi-209 (stabil).

b) Die Halbwertszeit von Np-237 beträgt 2,144 Mio. Jahre. Die Erde ist bereits vor ca. 4,6 Mrd. Jahren entstanden. Das bedeutet, dass die Np-237-Reihe als natürliche Zerfallsreihe schon lange nicht mehr existieren kann.

Material B – Eine Gleichung für den Zerfall

B1 Ra-226 zerfällt mit einer Halbwertszeit von 1600 Jahren.
a) Bestimme, nach wie vielen Jahren noch ein Achtel der ursprünglichen Menge Ra-226 vorhanden ist.
b) Berechne, welcher Anteil nach 80 000 Jahren noch vorhanden ist.

a) Ein Achtel der ursprünglichen Menge eines radioaktiven Stoffes ist nach drei Halbwertszeiten noch vorhanden. Bei Ra-226 ist das nach 4800 Jahren.

b) 80 000 Jahre entsprechen für Ra-226 genau 50 Halbwertszeiten. Somit ist nach dieser Zeit noch $1/2^{50}$ der ursprünglichen Menge vorhanden. Das entspricht einem Anteil von $8{,}88 \cdot 10^{-16}$.

B2 Das Alter der Höhlenmalereien in Altamira in Spanien wurde mit der C-14-Methode auf 10 000 Jahre bestimmt. Berechne mit dem Zerfallsgesetz, welcher Anteil des ursprünglich vorhandenen C-14 nach 10 000 Jahren noch vorhanden ist ($T_{1/2}$ von C-14: 5730 a).

Gegeben: Zeit $t = 10\,000$ a, $T_{1/2} = 5730$ a
Gesucht: $N(10\,000\text{ a})/N_0$
Das Zerfallsgesetz lautet:

$$N(t) = N_0 \cdot \left(\frac{1}{2}\right)^{\frac{t}{T_{1/2}}}, \text{ also}$$

$$\frac{N(10\,000\text{ a})}{N_0} = \left(\frac{1}{2}\right)^{\frac{10\,000\text{ a}}{5730\text{ a}}} = 0{,}30$$

Nach 10 000 Jahren sind noch ungefähr 30 % der ursprünglichen Menge an C-14 vorhanden.

Seite 120

1 Begründe geometrisch die Aussage: Bei zweifacher Entfernung beträgt die Zählrate 1/4 ihres ursprünglichen Werts.

Annahmen:

- Die radioaktive Quelle strahlt in alle Richtungen gleichmäßig. Dann entsprechen alle Orte mit gleichem Abstand r zur Quelle einer Kugeloberfläche mit dem Inhalt $4\,\pi \cdot r^2$.
- Die „Strahlungsstärke" entspricht der Menge der Strahlung, die auf eine bestimmte Fläche trifft.
  Für die doppelte Entfernung $2\,r$ zur Quelle ergibt sich eine bestrahlte Fläche von $4\,\pi \cdot (2\,r)^2 = 4 \cdot (4\,\pi \cdot r^2)$.
  Die bestrahlte Fläche ist also 4-mal so groß. Das heißt: Bei doppelter Entfernung „verdünnt" sich die Strahlung auf 1/4 der Stärke.

2 Beschreibe die Vor- und Nachteile von Nebelkammer und Geiger-Müller-Zählrohr.

	Vorteile	Nachteile
Geiger-Müller-Zählrohr	• leicht zu transportieren (dadurch überall Messung möglich) • Impulsraten sind direkt messbar. • Impulsraten sind vergleichbar.	• Strahlungsarten nicht ohne Hilfsmittel unterscheidbar. • Gammastrahlung wird kaum detektiert.
Nebelkammer	• Die Strahlungsart ist direkt zu sehen. • Die Reichweite der Strahlung ist direkt zu sehen.	• nicht leicht zu transportieren (dadurch nicht überall Messungen möglich) • Gammastrahlung wird kaum detektiert.

Seite 121

3 ▹Bild 07 zeigt die Entstehung des radioaktiven Nuklids Rn-222. Radon trägt wesentlich zur natürlichen Radioaktivität auf der Erde bei. Übertrage die Zerfallsreihe und vervollständige sie mithilfe der Nuklidkarte. Gib jeweils die Zerfallsart (α- bzw. β-Strahlung) an.

Siehe ▹Bild unten.

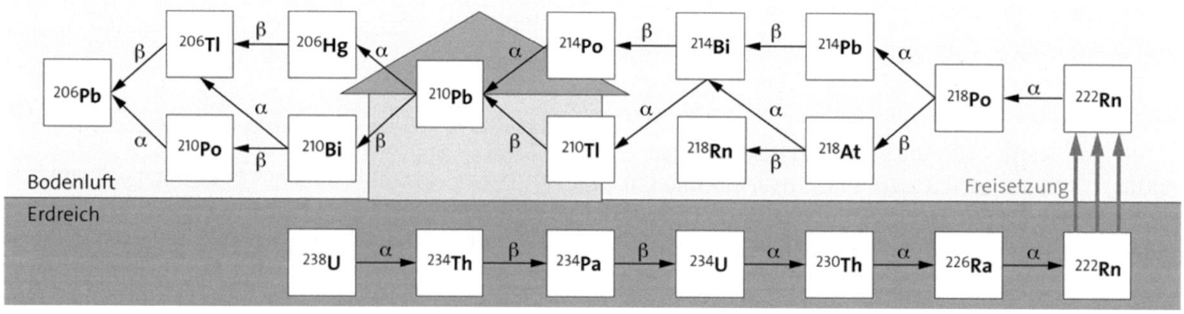

Strahlenschäden und Strahlenschutz

Seite 124

1 Recherchiere im Internet den maximal erlaubten Wert der beruflich bedingten Strahlenbelastung pro Jahr. Beurteile anhand von ▹Tabelle 04 die Strahlenbelastung für eine Person, die beruflich zweimal im Monat von Frankfurt nach San Francisco und zurück reist.

Der Grenzwert der Strahlenbelastung pro Jahr für beruflich strahlenexponierte Personen beträgt in allen europäischen Ländern 20 mSv (in den USA: 50 mSv). Angegeben ist jeweils die effektive Dosis. Der Grenzwert für die Berufslebensdosis beträgt in Deutschland 400 mSv (Quelle: Bundesamt für Strahlenschutz, www.bfs.de/DE/themen/ion/strahlenschutz/beruf/grenzwerte/grenzwerte.html, 09.11.2015).
Fliegt eine Person 24-mal im Jahr von Frankfurt nach San Francisco und zurück, dann ergibt sich für die zusätzliche Strahlenbelastung:
$24 \cdot 2 \cdot 0{,}07\ \text{mSv} = 3{,}36\ \text{mSv}$.
Dies entspricht bereits mehr als der durchschnittlichen jährlichen effektiven Dosis aufgrund natürlicher Strahlungsquellen (2,4 mSv). Der Wert entspricht etwa 3,36 mSv/20 mSv ≈ 17% der beruflich zulässigen jährlichen Strahlenbelastung.

Seite 125 (Material)

Material A – Künstliche (Zivilisatorische) und natürliche Radioaktivität

A1 Für Flüge in normaler Reisehöhe (12 km) wird aufgrund der kosmischen Strahlung eine zusätzliche Belastung von 0,005 mSv/h angenommen. Bestimme daraus für einen Flug von Frankfurt nach New York – Flugdauer ca. 8 Stunden – den Anteil an der durchschnittlichen jährlichen Gesamtstrahlung.
Für den Flug in eine Richtung gilt:
$0{,}005\ \text{mSv/h} \cdot 8\ \text{h} = 0{,}04\ \text{mSv}$.
Das entspricht 0,9% der jährlichen Gesamtstrahlung von 4,4 mSv (natürliche und zivilisatorische).

A2 Berechne, nach wie vielen Flugstunden das Bordpersonal die durchschnittliche berufsbedingte Strahlenbelastung erreicht hat.
Die durchschnittliche berufsbedingte Strahlenbelastung beträgt 0,03 mSv/a. Die Belastung im Flugzeug beträgt 0,005 mSv/h:

$$\frac{0{,}03\ \text{mSv}}{0{,}005\ \frac{\text{mSv}}{\text{h}}} = 6\ \text{h}.$$

Das Bordpersonal hat nach 6 Flugstunden die durchschnittliche jährliche berufsbedingte Strahlenbelastung erreicht.

Material B – Auch der Stoffwechsel spielt eine Rolle – Die biologische Halbwertszeit

B1 Übertrage die Tabelle und berechne die fehlenden Werte der effektiven Halbwertszeit.

Nuklid	T_{eff}
Tritium	12 d
Phosphor 32	14 d
Kalium-40	58 d
Strontium-89	50 d
Technetium-99m	3 h – 5 h
Iod-131	7 d
Caesium-137	109 d
Radium-226	44 a

B2 Für die radiologische Untersuchung der Schilddrüse wurde den Patienten früher Iod-131 verabreicht. Heute wird dafür das Nuklid Technetium-99m verwendet. Gib einen Vorteil der Verwendung von Tc-99m an.
Vergleicht man die effektiven Halbwertszeiten, dann wird der Vorteil von Te-99m deutlich. Während Tc-99m mit einer effektiven Halbwertszeit von 3 bis 5 Stunden im Körper abklingt, dauert es beim Iod ca. eine Woche.

2 Energie aus Atomkernen

Kernenergie

Seite 128

1 a) Berechne jeweils den gesamten Massendefekt sowie den Massendefekt pro Nukleon für folgende Kerne:
$^2_1$H ($m = 3{,}3436 \cdot 10^{-27}$ kg);
$^{12}_6$C ($m = 19{,}9210 \cdot 10^{-27}$kg);
$^{56}_{26}$Fe ($m = 9{,}2859 \cdot 10^{-26}$ kg).
b) Vergleiche mit ▹Bild 03. Erkläre.

$^2_1$H : 1 p, 1 n

Summe der Einzelmassen:	$3{,}348 \cdot 10^{-27}$ kg
Massendefekt: (3,3475 – 3,3436):	$3{,}900 \cdot 10^{-30}$ kg
Massendefekt pro Nukleon:	$1{,}950 \cdot 10^{-30}$ kg

$^{12}_6$C : 6 p, 6 n

Summe der Einzelmassen:	$2{,}009 \cdot 10^{-26}$ kg
Massendefekt (20,085 – 19,9210):	$1{,}640 \cdot 10^{-28}$ kg
Massendefekt pro Nukleon:	$13{,}67 \cdot 10^{-30}$ kg

$^{56}_{26}$Fe : 26 p, 30 n

Summe der Einzelmassen:	$9{,}373 \cdot 10^{-26}$ kg
Massendefekt: (9,3735 – 9,2859)	$8{,}756 \cdot 10^{-28}$ kg
Massendefekt pro Nukleon:	$15{,}64 \cdot 10^{-30}$ kg

b) Der Massendefekt pro Nukleon nimmt vom Wasserstoff zum Eisen hin zu. Das deckt sich damit, dass für Fe-56 die mittlere Energie pro Nukleon ein Minimum hat.

2 Gib die Kernspaltung von U-235 in Symbolschreibweise an.

$^{235}_{92}\text{U} \rightarrow {}^{144}_{56}\text{Ba} + {}^{89}_{36}\text{Kr} + 2\ {}^1_0\text{n}$.

Seite 129

3 a) Nimm an, bei einer Kernspaltung entstehen drei Neutronen, die wieder je drei Kerne spalten. Bestimme, wie viele Kernspaltungen dann nach der 5. (10., 20.) „Generation“ stattgefunden haben.
b) Schätze die dabei frei werdende Energie ab.

5. Generation:
$3^0 + 3^1 + \ldots + 3^5 = 364$
364 Kernspaltungen haben stattgefunden.

10. Generation:
$364 + 3^6 + \ldots + 3^{10} = 88\,573$
Über 88 000 Kernspaltungen haben stattgefunden.

20. Generation:
$88\,573 + 3^{11} + \ldots + 3^{20} = 5\,230\,176\,601$
Über 5 Mrd. Kernspaltungen haben stattgefunden.

b) Bei U-235 werden pro Kernspaltung etwa $29 \cdot 10^{-12}$ J Energie frei. Entsprechend wurde an Energie freigesetzt nach der

5. Generation:	$1{,}06 \cdot 10^{-8}$ J,
10. Generation:	$2{,}60 \cdot 10^{-6}$ J,
20. Generation:	0,15 J.

Seite 130

1 Weitere Kernfusions-Reaktionen sind:
$^2_1\text{H} + {}^3_2\text{He} \rightarrow {}^4_2\text{He} + \text{X}$; $^2_1\text{H} + {}^2_1\text{H} \rightarrow {}^3_1\text{H} + \text{X}$;
$^2_1\text{H} + {}^2_1\text{H} \rightarrow {}^3_2\text{He} + \text{X}$;
Gib jeweils an, für welches Nukleon das X steht.
Erste Gleichung: X steht für ein Proton;
zweite Gleichung: X steht für ein Proton;
dritte Gleichung: X steht für ein Neutron.

Seite 131 (Material)

Material A – Der Brennstoffkreislauf

A1 Beschreibe die Grafik zum Brennstoffkreislauf.
Uran wird im Bergwerk gefördert.
Das natürliche Uran wird „angereichert“. Das bedeutet, der Anteil des Nuklids U-235 wird erhöht.
Das angereicherte Uran wird zu Brennelementen, dem „Brennmaterial“ der Kernkraftwerke, verarbeitet.
Im Kernkraftwerk läuft die kontrollierte Kernspaltung ab. Dabei wird die frei werdende Energie zum Antrieb von Turbinen und zur Umwandlung in elektrische Energie genutzt.
Die „abgebrannten“ Brennelemente lagern anschließend für einige Zeit in den Abklingbecken.
Ein Teil der verbrauchten Brennelemente kommt in Wiedeaufbereitungsanlagen und somit wieder in den Kreislauf. Ein anderer Teil muss in Zwischenlager transportiert werden.
Die Suche nach geeigneten Endlagerstätten ist zurzeit noch nicht abgeschlossen.

A2 Erkläre, was beim „Anreichern“ von natürlichem Uran geschieht.
Natürliches Uran, wie es im Bergwerk gefördert wird, besteht zu über 99% aus dem Nuklid U-238. Nur zu 0,7% sind U-235 und in noch geringerem Anteil U-234 enthalten. Um Uran zur Energieumwandlung im Kraftwerk nutzen zu können, muss der Anteil von U-235 auf 3% erhöht werden. Man spricht deshalb von Anreicherung. Die technische Umsetzung kann in Gaszentrifugen erfolgen. Dabei wird der kleine Massenunterschied zwischen den Nukliden zur Trennung genutzt.

A3 Beurteile Risiken und Probleme auf dem Weg vom natürlichen Uran bis zum Zwischenlager.
Im sogenannten Brennstoffkreislauf müssen das natürliche und später auch das angereicherte Uran bzw. die Brennstäbe zwischen den Förder- und Fertigungsstätten

transportiert werden. Auch die abgebrannten Brennstäbe werden zur Wiederaufbereitungsanlage oder als Atommüll zum Zwischenlager transportiert.
In allen Fällen ist das Transportgut schwach bis stark radioaktiv. Deswegen muss die an die Transportwege grenzende Umgebung geschützt werden. Die Transportbehälter, „Castoren“, müssen absolut dicht sein. Außerdem sollen sie gegen Transportunfälle und Brände abgesichert sein.
Auf allen Wegen muss das Transportgut gegen Diebstahl gesichert werden.
Viele Umweltinitiativen und -verbände nutzen regelmäßig die Castortransporte für Protestaktionen. Aus diesem Grund sind Castortransporte mit einem extrem hohen personellen Polizeiaufwand verbunden.

A4 Bestimme die Halbwertszeiten der Anteile im radioaktiven Abfall. Wann sind die langlebigsten Nuklide auf ein Zehntel abgeklungen?

Halbwertszeiten der Abfälle:
Np-237: $T_{1/2} = 2\,144\,000$ Jahre
Pu-238: $T_{1/2} = 87{,}74$ Jahre
Pu-239: $T_{1/2} = 24\,111$ Jahre
Pu-240: $T_{1/2} = 6543$ Jahre
Pu-241: $T_{1/2} = 14{,}35$ Jahre
Pu-242: $T_{1/2} = 375\,000$ Jahre
Am-241: $T_{1/2} = 432{,}2$ Jahre
Am-243: $T_{1/2} = 7370$ Jahre
Die langlebigsten Nuklide sind somit Np-237 und Pu-242.
Nach drei Halbwertszeiten ist die ursprüngliche Menge auf 1/8 abgesunken. Die Zeit zur Abnahme auf ein Zehntel muss also etwas mehr als drei Halbwertszeiten betragen. Die genaue Rechnung ergibt sich aus dem Zerfallsgesetz:

$$\frac{N(t)}{N_0} = \frac{1}{10} = 10^{-1} \quad \text{also}$$

$$10^{-1} = \left(\frac{1}{2}\right)^{\frac{t}{T_{1/2}}} \quad |\ \ln$$

$$\ln(10^{-1}) = \ln\left(1^{\frac{t}{T_{1/2}}}\right) - \ln\left(2^{\frac{t}{T_{1/2}}}\right) = -\ln\left(2^{\frac{t}{T_{1/2}}}\right) \quad |\ e^x$$

$$10^{-1} = e^{-\ln\left(2^{\frac{t}{T_{1/2}}}\right)} \quad |\ x^{-1} \quad |\ \ln$$

$$\ln(10) = \frac{t}{T_{1/2}} \cdot \ln(2)$$

$$t = \frac{\ln(10)}{\ln(2)} \cdot T_{1/2}$$

Np-237: $t_{1/10} = 7\,122\,214$ Jahre
Pu-242: $t_{1/10} = 1\,245\,723$ Jahre

Material B – Endlagerung radioaktiver Abfälle

B1 Bewerte die Vorschläge zum Thema Endlagerung. Berücksichtige dabei auch die Lösung von Aufgabe A4.

Alle genannten Vorschläge sind sehr problematisch und bergen hohe Risiken für Menschen und Umwelt. Im Einzelnen:
Verbrennen von Atommüll funktioniert nicht, da es sich dabei um eine chemische Reaktion handelt. Der Zerfall radioaktiver Stoffe kann aber chemisch nicht beeinflusst werden.
Die Verteilung über große Flächen würde zwar tatsächlich zu einer Verdünnung führen, dennoch sind diese Flächen kontaminiert und würden über Jahrtausende zu einer zusätzlichen Belastung für alles Leben führen.
Der Start von Weltraumtransportern birgt immer das Risiko von Abstürzen. Der zum Teil hochradioaktive Müll würde in diesem Fall unkontrolliert in die Atmosphäre und schließlich auf die Erde gelangen mit unberechenbaren Folgen. Hinzu kommt, dass solche Raketenstarts äußerst viel Energie erfordern. Der Vorteil der ehemals aus dem Kernbrennstoff gewonnenen Energie wäre damit nicht mehr gegeben.
Entsorgung in der Antarktis oder in Tiefseegräben würde zu einer unkontrollierbaren und unberechenbaren „Zeitbombe“ werden.

B2 Erläutere, gegen welche Gefahren eine geeignete Endlagerstätte abgesichert werden muss. Berücksichtige dabei natürliche und zivilisatorische Faktoren.

Eine geeignete Endlagerstätte muss Sicherheit bieten gegen natürliche und zivilisatorische Risiken.
Zu den natürlichen Risiken gehören kurzfristige Ereignisse wie Erdbeben und Vulkanausbrüche. Gerade angesichts der langen Halbwertszeiten müssen vor allem auch langfristige geologische Veränderungen der Erdkruste berücksichtigt werden. Die Gesteins- oder Salzformationen müssen über Millionen Jahre stabil sein gegen Verschiebungen und Grundwassereinbrüche.
Bei den zivilisatorischen Risiken ist zu unterscheiden zwischen unbeabsichtigten Ereignissen, also Unfällen und beabsichtigten, also kriminellen bzw. terroristischen Handlungen.
Unfälle könnten z. B. technischer Art im Endlager selbst sein oder auch Flugzeugabstürze in unmittelbarer Nähe.
Zu den Risiken krimineller oder terroristisch intendierter Art gehören der mögliche Diebstahl von radioaktivem Material oder Angriffe auf elektronische Sicherheitssysteme. Vollkommen unbeherrschbar bliebe das Risiko im Falle militärischer Auseinandersetzungen in der Nähe des Endlagerstandortes.

Elektrizitätsleitung

Didaktische Hinweise

Aufbau des Kapitels:
Das Kapitel „Elektrizitätsleitung“ besteht aus den beiden Unterkapiteln „Leiter, Halbleiter und Isolatoren“ sowie „Halbleiter-Bauteile“. Die beiden Unterkapitel bauen aufeinander auf und sollten daher in dieser Reihenfolge unterrichtet werden.
Das Kapitel deckt die vom Kerncurriculum im Bereich Elektrik II geforderten Themen „Leitungsverhalten von Leitern und Halbleitern“, „Vorgänge am p-n-Übergang“ und „Vorgänge in Leuchtdioden und Solarzellen“ ab. Die Themen „Motor und Generator“, „Transformator“ und „Unterschiede von Gleich- und Wechselstrom“ werden zuvor im Kapitel „Energieübertragung“ und dort speziell im Unterkapitel „Elektrische Energieübertragung“ behandelt. Es ist sinnvoll, die Reihenfolge im Lehrbuch zu wählen. Während die Kenntnisse der Einheit Halbleiter keine Voraussetzungen zur Einheit Motor und Generator liefern, können die Kenntnisse aus dem Abschnitt Motor und Generator zur Gleichrichtung (S. 152, 153) herangezogen werden.

Elektrizitätsleitung

Im den bisherigen Bänden wurde der elektrische Strom als fließende Ladung eingeführt. In Metalldrähten wurden elektrisch geladene Elektronen als Träger des elektrischen Stroms identifiziert. Die Bewegungsrichtung der Elektronen im Stromkreis definierte uns die Stromrichtung – vom Minuspol zum Pluspol der elektrischen Quelle. Nun geht es darum, den Ladungsfluss auf der Basis von verschiedenen Ladungsträgern zu verstehen.

Ladung und Ladungsträger:
Es empfiehlt sich, streng zwischen der elektrischen Ladung und den Ladungsträgern zu unterscheiden. Wir behalten die in den früheren Bänden definierte Stromrichtung bei. Die Ladungsträger bewegen sich je nach Vorzeichen in die eine oder in die andere Richtung. Der Unterschied wird besonders deutlich, wenn der elektrische Strom durch die Ionenbewegung von positiven und negativen Ionen gebildet wird. Die Ionen bewegen sich in verschiedene Richtungen, dennoch spricht man von „der Stromrichtung“.

Ausgehend von der Beobachtung, dass manche Stoffe den elektrischen Strom leiten und andere nicht, wird festgestellt, dass ein Stoff bewegliche Ladungsträger haben muss, um den elektrischen Strom zu leiten. Am Beispiel der Kochsalzlösung wird geklärt, dass sich die unterschiedlich geladenen Ionen in entgegengesetzte Richtungen bewegen. Die Schülerinnen und Schüler könnten daraus schließen, dass sich diese beiden Ladungsträgerbewegungen gegenseitig aufheben. Hier hilft die Vorstellung von den Guthabenträgern (Na+-Ionen) und den Schuldenträgern (Cl^--Ionen) weiter. Dabei gilt, dass ein Schuldenstrom in die eine Richtung gleichbedeutend ist mit einem Guthabenstrom in die entgegengesetzte Richtung. Deswegen tragen beide Ionenarten zu einem Ladungsstrom bei.

Eine konsequente Farbgebung hilft den Schülerinnen und Schülern: Positive Ladungsträger sind generell rot und negative Ladungsträger blau dargestellt. Die Pfeile für die beiden Ladungsträgerbewegungen sind entsprechend rot bzw. blau gezeichnet.

Elektrizitätsleitung in Metallen:
Bei Metallen sind die beweglichen Ladungsträger negativ geladene Elektronen, die sich vom Minuspol zum Pluspol der elektrischen Quelle bewegen. Die Elektronen können sich die Schülerinnen und Schüler wieder als Schuldenträger vorstellen.

Des Weiteren wird das Konzept von Strom, Antrieb und Widerstand modellhaft erklärt. Die Erklärung folgt im Grunde dem einfachen Modell von PAUL DRUDE. Demnach können sich die Elektronen quasi frei im Metall bewegen. Durch die von außen angelegte Spannung werden Elektronen beschleunigt und durch Stöße mit den Atomen werden sie abgebremst oder aus der ursprünglichen Richtung abgelenkt. Folglich stellt sich eine mittlere Driftgeschwindigkeit ein, abhängig von der anliegenden Spannung und von der Häufigkeit der Stöße. Aus der Festkörperphysik weiß man aber, dass die Elektronen mit Atomen auf den regulären Gitterplätzen nicht stoßen. Der Widerstand ergibt sich demnach durch Stöße mit Störstellen und mit Phononen. Wir schreiben daher, dass die Elektronen ständig durch Stöße mit den schwingenden Atomen, genauer Atomrümpfen, in ihrer Bewegung gehemmt werden und daher auch ständig angetrieben werden müssen. Die Elektronenbewegung wird umso mehr gehemmt, je heftiger die Atome schwingen. Daher nimmt der Widerstand von Metallen mit steigender Temperatur zu.

Spannungsteiler und Potenziometer:
Häufig ist es erforderlich, eine Spannung zu regeln, ohne die Spannung am Netzgerät zu verändern. Für das Verständnis von elektronischen Schaltungen, insbesondere zum Transistor, ist die Spannungsteiler- bzw. Potenzio-

meterschaltung zentral. Aus diesem Grund reaktivieren wir diese Schaltungen an dieser Stelle.

Um den auch im Alltag weit verbreiteten Einsatz veränderlicher Widerstände zu verdeutlichen, behandeln wir in zwei Blickpunkten Sensoren wie z. B. den Joystick, den Dehnungsmesstreifen oder den Drucksensor.

Halbleiter:
Die Leitfähigkeit von Halbleitern lässt sich auf viele Arten beeinflussen. Zuerst stellt man fest, dass der Widerstand von Halbleitern im Gegensatz zu dem von Metallen mit steigender Temperatur stark abnimmt. Für den qualitativen Versuch auf der S. 144 benötigt man Bruchstücke von Silicium oder Germanium. Wichtig ist die Mitteilung, dass reines Silicium nahe dem absoluten Nullpunkt ein perfekter Isolator ist. Die Elektrizitätsleitung in Halbleitern wird modellhaft – zum einen mit dem Kristallgittermodell und zum andern mit dem Bändermodell – erklärt. Dabei wird davon ausgegangen, dass die Elektronen fest gebunden sind. Durch Energiezufuhr (z. B. Erwärmung oder Bestrahlung mit Licht) können einzelne Elektronen aus den Bindungen herausgelöst werden. Jedes herausgelöste Elektron hinterlässt eine Lücke in der Elektronenpaarbindung. Halbleiter enthalten folglich zwei Sorten von beweglichen Ladungsträgern: negativ geladene Elektronen und positiv geladene Löcher. Durch Dotieren kann die Leitfähigkeit eingestellt werden. Je nachdem, ob man ein Element aus der fünften oder dritten Hauptgruppe verwendet, erhält man einen n- oder p-Halbleiter. Dabei ist es wichtig, zu betonen, dass der Halbleiter als Ganzes elektrisch neutral ist.

Als technische Anwendungen dieser Halbleitereigenschaften werden der Heißleiter (NTC) und der Fotowiderstand (LDR) behandelt. Anhand einiger Schülerversuche und Aufgaben auf der Materialseite wird das erworbene Wissen gefestigt und vertieft.

Das in diesem Kapitel eingeführte Kristallgitter- und das Bändermodell können alternativ oder additiv genutzt werden. Die folgenden Kapitel greifen beide Modelle parallel wieder auf. Während die Vorstellungen zum Leitungsverhalten und zur Dotierung auf dem mikroskopisch basierten Kristallgittermodell für die Schülerinnen und Schüler leichter zu verstehen sind, bietet das Bändermodell deutliche Stärken bei der Unterscheidung von Leitern, Halbleitern und Isolatoren, sowie bei den Erklärungen zur Funktionsweise von LDR und NTC. Der hohe Abstraktionsgrad des Bändermodells steht dabei einer mikroskopischen Vorstellung entgegen.

Halbleiter-Bauteile

Dioden:
Aus didaktischen Gründen beginnt dieses Kapitel mit der Einführung der Leuchtdiode. Der Vorteil dieser Vorgehensweise ist, dass das Leitungsverhalten bezüglich der Stromrichtung und der Schwellenspannung direkt über das Leuchten der LED abgelesen werden kann und keine zusätzlichen Messgeräte erforderlich sind. Auf die Begriffe Schwellenspannung und Nennstromstärke haben wir aus didaktischen Gründen bewusst verzichtet. Diese zusätzlichen Fachbegriffe enthalten für die Schülerinnen und Schüler keinen physikalischen Mehrwert. Alle Erklärungen sind so angelegt, dass auf diese Begriffe verzichtet werden kann.

Die allgemeine Eigenschaft von Dioden, dass sie den elektrischen Strom nur in eine Richtung durchlassen, lässt sich zur Gleichrichtung von Wechselstrom und somit für viele technische Anwendungen nutzen. Dieser Aspekt wird am Ende des Abschnitts „Leuchtdioden und andere Dioden“ und auf der Materialseite vertieft.

Solarzelle:
Die Solarzelle wird in einem Blickpunkt behandelt. Dazu passend wird die Methode der Kennlinien auf elektrische Energiequellen übertragen.

Transistoren:
Die Transistoren werden nicht explizit vom Kerncurriculum gefordert. Allerdings wird die Thematisierung der Bedeutung der Halbleiter für moderne Technik verlangt. Deshalb erscheint uns eine Behandlung von Transistoren im Buch empfehlenswert und sinnvoll. Auf den Grundseiten und in den Materialien verwenden wir ausschließlich n-p-n-Transistoren.

Das Unterkapitel „Halbleiter-Bauteile“ eignet sich besonders für Schülerversuche. Elektronische Schaltungen wirken auf Schülerinnen und Schüler motivierend. Mit Leuchtdioden, Heißleitern, LDRs und Transistoren lassen sich auf einfache Weise interessante Schaltungen aufbauen. Nebenbei wiederholen und vertiefen die Schülerinnen und Schüler ihr Wissen und Können in wichtigen Bereichen, z. B. im Umgang mit der elektrischen Spannung und in der Handhabung von Amperemeter und Voltmeter.

Blickpunktseiten unter anderem zur Datenspeicherung und Datenverarbeitung runden das Thema ab.

Seite 137 (Kannst du es noch?)

1 Beschreibe ein Modell für den Aufbau eines Metalldrahts. Beschreibe, wie man sich den elektrischen Strom in einem Draht vorstellen kann.

Ein Metalldraht besteht aus elektrisch positiv geladenen Atomrümpfen und frei beweglichen negativ geladenen Elektronen. Die Atomrümpfe enthalten den Atomkern und die nicht frei beweglichen Elektronen. Die frei beweglichen Elektronen im Draht bewegen sich stets in alle Richtungen. Wenn man an den Draht eine elektrische Spannung anlegt, dann werden die frei beweglichen Elektronen in eine Richtung vom Minuspol zum Pluspol der elektrischen Quelle getrieben.

2 Ein Elektron benötigt etwa zehn Stunden, um sich in einem Kupferkabel einen Meter weiter zu bewegen. Eine Lampe leuchtet sofort, wenn man den Lichtschalter betätigt. Erkläre.

Die Elektronen tragen alle elektrisch negative Ladung und stoßen sich deshalb ab.Wenn man mit dem Lichtschalter den Stromkreis schließt, dann setzen sich alle frei beweglichen Elektronen in der Leitung nahezu gleichzeitg in Bewegung. Es gibt also sofort einen elektrischen Strom, der die Lampe zum Leuchten bringt.

3 In einem unverzweigten Stromkreis aus einer Batterie und einer Glühlampe wird eine Stromstärke von 0,45 A gemessen. Gib jeweils die Stromstärke durch die Lampe und die Batterie an.

Da die Stromstärke im ganzen Stromkreis gleich ist, beträgt die Stromstärke in der Lampe und in der Batterie jeweils 0,45 A.

4 Es ist I_1 = 1,2 A und I_3 = 1,8 A. Berechne die Stromstärke I_2 in der Schaltung ▹Bild 01.

Gegeben: $I_1 = 1{,}2\,\text{A}$, $I_3 = 1{,}8\,\text{A}$

Gesucht: I_2

Es gilt: $I_1 + I_2 = I_3$. Daraus folgt:

$I_2 = I_3 - I_1 = 1{,}8\,\text{A} - 1{,}2\,\text{A} = 0{,}6\,\text{A}$.

5 Es ist I_2 = 0,3 A und I_5 = 0,8 A. Bestimme I_1, I_3 und I_4 in der Schaltung ▹Bild 02.

Gegeben: $I_2 = 0{,}3$ A, $I_5 = 0{,}8$ A

Gesucht: I_1, I_3 und I_4

Es gilt: $I_5 = I_1 = 0{,}8\,\text{A}$ und $I_2 = I_4 = 0{,}3$ A, $I_2 + I_3 = I_5$, daraus folgt: $I_3 = I_5 - I_2 = 0{,}5$ A.

6 Im Durchschnitt beträgt die Wasserstromstärke des Rheins am Rheinfall (Schweiz) 373 m³/s.
a) Berechne, wie viel Wasser an einem Tag den Rheinfall hinunter fließt.
b) Das Volumen der Allianz-Arena bei München beträgt ca. 1 900 000 m³. Berechne, wie lange es dauern würde, bis die Allianz-Arena von einem solchen Wasserstrom gefüllt wäre.

a) Gegeben: Wasserstromstärke $I = 370\,\frac{\text{m}^3}{\text{s}}$

Gesucht: geflossene Wassermenge pro Tag

Ein Tag hat 24 · 60 · 60 s = 86 400 s.

Also erhält man die gesuchte Wassermenge aus:

$$370\,\frac{\text{m}^3}{\text{s}} \cdot 86\,400\,\text{s} = 31\,968\,000\,\text{m}^3.$$

Pro Tag fließen also etwa 32 Mio. Kubikmeter Wasser den Rheinfall hinunter.

b) Gegeben: zu füllendes Volumen $\Delta V = 1\,900\,000\,\text{m}^3$

Gesucht: Fülldauer Δt

$I = \frac{\Delta V}{\Delta t}$. Daraus folgt:

$I \cdot \Delta t = \Delta V$ und

$$\Delta t = \frac{\Delta V}{I} = \frac{1900000\,\text{m}^3}{370\,\frac{\text{m}^3}{\text{s}}} \approx 5100\,\text{s}$$

Die Fülldauer beträgt etwa 5100 s oder 1 h 25 min.

7 Bei einem ISDN-Anschluss beträgt die maximale Datenstromstärke 64 kbit/s. Berechne die Downloadzeit für eine Datei der Größe 1,44 MByte. (8 bit = 1 Byte)

Gegeben: Datenstromstärke $I = 64\,\frac{\text{kbit}}{\text{s}}$, Datenmenge 1,44 MB.

Gesucht: Downloadzeit Δt.

Aus 1 B = 8 bit folgt

1,44 MB = 1 440 000 · 8 bit = 11 520 000 bit = 11,52 Mbit.

$$\Delta t = \frac{11{,}52\,\text{Mbit}}{0{,}064\,\frac{\text{Mbit}}{\text{s}}} = 180\,\text{s}.$$

8 a) Erläutere die Aussagen zu ▹Bild 03:
Ein Stromstärkemessgerät muss in Reihe zum Gerät geschaltet werden.
Ein Spannungsmessgerät muss parallel zur Batterie oder zum Gerät geschaltet werden.
b) Begründe: Ein Stromstärkemessgerät muss den Strom praktisch ungehemmt durchlassen.
Ein Spannungsmessgerät darf den Strom praktisch nicht durchlassen.
c) Ein Stromstärkemessgerät wird statt eines Spannungsmessgeräts eingebaut (oder umgekehrt). Beschreibe und erkläre, was geschieht.

a) Um die Stromstärke in einem elektrischen Gerät zu messen, müssen die Elektronen auch durch das Messgerät fließen. Das tun sie aber nur, wenn das Messgerät in Reihe zum Gerät geschaltet wird.

Wenn man die Spannung an einer Batterie oder an einem Gerät messen will, dann muss das Messgerät parallel angeschlossen werden. Nur so kann man die Spannung zwischen den jeweiligen Anschlüssen messen. Eine Schaltung in Reihe macht keinen Sinn, da praktisch kein Strom durch das Spannungsgerät fließen kann und somit der Stromkreis unterbrochen wäre.

b) Wenn ein Stromstärkemessgerät den Elektronenfluss merklich hemmen würde, dann würde es die zu messende Stromstärke beeinflussen. Man würde eine zu geringe Stromstärke messen.

Wenn ein Spannungsmessgerät merklich Strom durchlassen würde, dann würde sich die Stromstärke im Stromkreis ändern. Das ist besonders dann unerwünscht, wenn man gleichzeitig die Stromstärke messen möchte.

c) Einbau eines Stromstärkemessgeräts statt eines Spannungsmessgeräts: Das Stromstärkemessgerät hemmt den Elektronenfluss praktisch nicht. Dadurch kann ein Kurzschluss entstehen. Die Stromstärke ist dann sehr groß und das Messgerät kann dabei leicht zerstört werden.

Einbau eines Spannungsmessgeräts statt eines Stromstärkemessgeräts: Das Spannungsmessgerät lässt den Strom praktisch nicht durch. Dadurch fließen keine Elektronen im Stromkreis und die Lampe o. ä. erlischt. Das Messgerät wird dabei aber nicht zerstört.

9 a) Zeichne Plan A aus ▹Bild 04 ab und ersetze die Zahlen in den Kreisen sinnvoll durch das Messgerätezeichen A oder V.

b) Verfahre für Plan B im ▹Bild 04 wie in a).

a)	**b)**
① ersetzen durch Ⓐ	① ersetzen durch Ⓐ
② ersetzen durch Ⓥ	② ersetzen durch Ⓐ
③ ersetzen durch Ⓥ	③ ersetzen durch Ⓥ
④ ersetzen durch Ⓐ	④ ersetzen durch Ⓐ
	⑤ ersetzen durch Ⓐ
	⑥ ersetzen durch Ⓥ

10 Victor hat die Stromstärke einerGlühlampe in Abhängigkeit von der Spannung gemessen:

U in V	0	2,0	4,0	6,0	8,0	10,0
I in A	0	1,1	1,8	2,3	2,6	2,8

a) Zeichne die *U*-*I*-Kennlinie.

b) Gib die Stromstärke bei einer Spannung von 3,0 V an.

c) Gib an, bei welcher Spannung die Stromstärke 2,5 A beträgt.

d) Bestimme für jedes gemessene Wertepaar den Widerstand.

Zeichne die *U*-*R*-Kennlinie.

a)

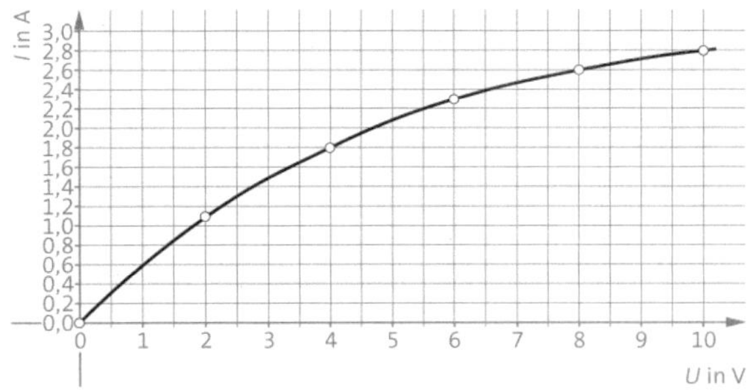

b) Der *U*-*I*-Kennlinie entnimmt man, dass die Stromstärke bei einer Spannung von 3,0 V etwa 1,4 A beträgt.

c) Eine Stromstärke von 2,5 A wird bei einer Spannung von etwa 7,0 V erreicht.

d)

U in V	0	2,0	4,0	6,0	8,0	10,0
I in A	0	1,1	1,8	2,3	2,6	2,8
R in Ω		1,8	2,2	2,6	3,1	3,6

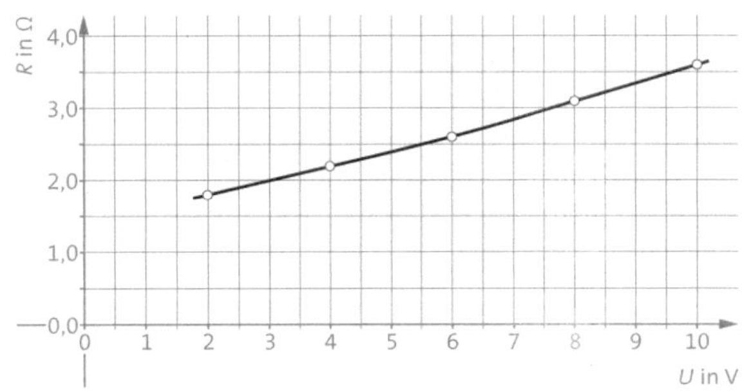

11 Ein Toaster hat eine Leistung von 900 W und wird an der Steckdose (230 V) betrieben. Berechne die Stromstärke und den Widerstand.

Gegeben: Leistung $P = 900$ W, Spannung $U = 230$ V

Gesucht: Stromstärke I und Widerstand R

$$I = \frac{P}{U} = \frac{900\,\text{W}}{230\,\text{V}} = 3{,}9\ \text{A}.$$

$$R = \frac{U}{I} = \frac{230\ \text{V}}{3{,}9\ \text{A}} \approx 59\,\Omega.$$

12 Erläutere den Begriff Energiestromstärke.

Bei der Übertragung von Energie spielt nicht nur die übertragene Energiemenge eine Rolle, sondern auch die Zeit, in der diese Energiemenge übertragen wird. Wenn Energie durch den elektrischen Strom von der elektrischen Quelle zum Gerät übertragen wird, dann ist die Energiestromstärke umso größer, je kleiner die Zeitspanne ist, in der das geschieht. Die Energiestromstärke betont also, dass Energie pro Zeit übertragen wird.

1 Leiter, Halbleiter und Isolatoren

Elektrische Leiter

Seite 139

1 Wenn man in einen Stromkreis Drähte aus unterschiedlichen Metallen einbaut, dann vermischen sich die Metalle niemals. Diese Beobachtung bestätigt die Hypothese von den Elektronen als bewegliche Ladungsträger. Begründe.

Metalle bestehen aus negativen Elektronen und aus positiven Atomrümpfen, also Atomen, denen Elektronen fehlen. Wären die Atomrümpfe beweglich, dann müssten sich die Atomrümpfe der unterschiedlichen Metalle mischen, z. B. müssten Kupferatomrümpfe in einen anschließenden Eisendraht eindringen. Dies hat man niemals beobachtet. Folglich können die Atomrümpfe nicht beweglich sein. Daher bleiben nur die Elektronen als bewegliche Ladungsträger.

Seite 140

1 Erkläre die Veränderung des Widerstandes von Metallen bei Temperaturveränderung.

Temperatur ist ein Maß für die mittlere Bewegungsenergie der Teilchen eines Körpers. Wenn sich ein Körper erwärmt, dann schwingen die Atome immer stärker. Je stärker die Atome schwingen, desto mehr wird die Elektronenbewegung gehemmt.

Seite 143 (Material)

Material A – Leiter und Isolatoren

A1 Zur Isolation an Hochspannungsleitungen verwendet man Porzellan. Erkläre, warum man nicht andere Isolatoren wie Kunststoffe, Glas oder Gummi benutzt.

Kunststoff oder Gummi werden nicht benutzt, weil diese Isolatoren hitzeempfindlich und brennbar sind (Funken aufgrund hoher Spannungen sind möglich!). Außerdem werden beide Materialien mit der Zeit spröde, sie altern. Glas ist nicht so stabil wie Porzellan (z. B. bezogen auf die Zugfestigkeit oder die Beständigkeit im Hinblick auf Temperaturwechsel). Porzellan ist deshalb die bessere Wahl.

A2 Die LED im ▹Bild rechts leuchtet nicht, obwohl der Stromkreis geschlossen ist. Begründe, welche Dinge man durch ein Drahtstück ersetzen sollte, damit die LED leuchtet.

Schlüssel und Büroklammer sind vermutlich gute Leiter. Sie können im Stromkreis bleiben. Die Blumenerde leitet nur dann, wenn sie sehr feucht ist (und viele „Düngestoffe“ enthält). In dem Becherglas könnte sich eine isolierende Flüssigkeit befinden, z. B. Öl. Also sollte man den Topf mit Blumenerde sowie das Becherglas durch ein Drahtstück ersetzen. Dann müsste die LED leuchten.

Material B – Kennlinien

B1 Nimm mithilfe der Schaltung im ▹Bild 05 die Kennlinie
a) eines Lämpchens und
b) eines Widerstands auf.
Stelle die Messwerte in einem *U*-*I*-Diagramm dar. Erkläre den Verlauf der Kennlinien.

a), b)

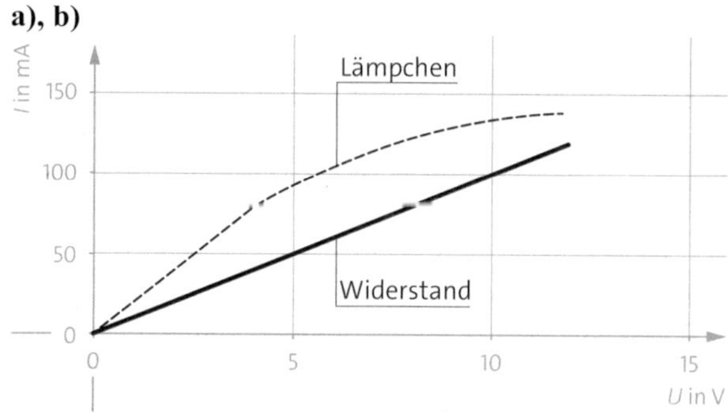

Am Ohm‘schen Widerstand gilt: $U \sim I$. Spannung und Stromstärke sind proportional zueinander, der Graph ist eine Ursprungsgerade.

Beim Lämpchen soll sich der Glühdraht erhitzen. Zu Beginn der Kennlinie ist die Stromstärke noch relativ klein und der Glühdraht noch relativ kalt. Spannung und Stromstärke sind hier nahezu proportional zueinander. Mit weiter zunehmender Stromstärke steigt auch die Temperatur des Glühdrahtes. Der Widerstand wird größer, die Stromstärke nimmt weniger stark zu, sodass die Kennlinie flacher wird.

B2

U in V	*I* in mA	*U* in V	*I* in mA
0	–	5	16
1	3	8	25
2	6	10	30
3	10	12	36

a) Die Tabelle oben zeigt eine neue Messung. Stelle die Messwerte mithilfe einer Tabellenkalkulation in einem *U*-*I*-Diagramm dar.
b) Ist es sinnvoll eine Ausgleichsgerade durch die Messwerte zu legen? Begründe.

a)

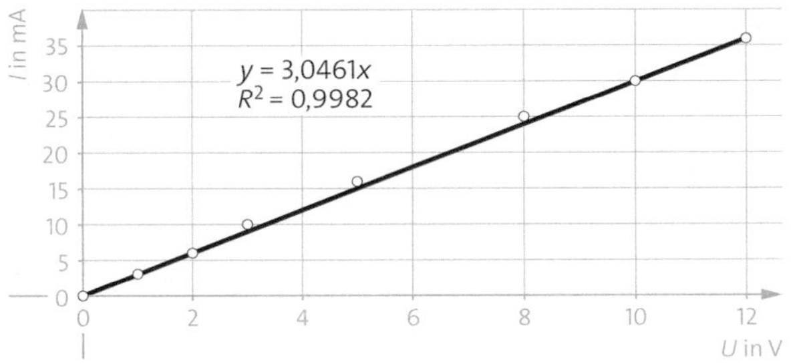

b) Die Messwerte in der Tabelle sind nahezu quotientengleich. Somit kann man von einer proportionalen Zuordnung ausgehen. Es ist also sinnvoll, eine Ausgleichsgerade durch die Messwerte zu legen.

Material C – Temperaturmessung mit Widerständen

C1 a) Bestimme die Spannung U_{PQ} zwischen den beiden Punkte P und Q bei 0 °C. Begründe, dass die Spannung U_{PQ} bei einer Temperatur von 0 °C exakt null ist.
b) Beschreibe, wie sich die Spannung U_{PQ} ändert, wenn die Temperatur größer bzw. kleiner als 0 °C ist. Begründe.
c) Bestimme, bei welcher Temperatur $R_{Pt} = 200{,}0\ \Omega$ ist. Berechne die zugehörige Spannung U_{PQ}.
d) Bestimme die Temperatur, wenn die Spannung $U_{PQ} = 1{,}5$ V beträgt.

a) Die beiden in Reihe geschalteten Widerstände R_1 und R_2 bilden eine Spannungsteilerschaltung, ebenso die Widerstände R_3 und R_{Pt}. Die Widerstände R_1 und R_2 betragen beide exakt 100 Ω. Das bedeutet, dass die beiden Teilspannungen U_1 und U_2 gleich sind, also 3 V betragen.

Bei 0 °C sind auch die Widerstände R_3 und R_{Pt} exakt gleich. Das bedeutet, dass auch die Teilspannungen U_3 und U_{Pt} jeweils 3 V sind.

Die Punkte P und Q liegen jeweils genau zwischen den Teilspannnungen, deshalb ist die Spannung zwischen P und Q null: $U_{PQ} = 0$ V.

b) Wenn sich die Temperatur erhöht, dann steigt auch der Widerstand R_{Pt}. Somit ist die Spannung über R_3 kleiner als 3 V. Das Spannungsmessgerät zeigt eine positive Spannung an.

Kühlt sich der Widerstand R_{Pt} unter 0 °C ab, dann wird eine negative Spannung angezeigt.

c) Dem Diagramm entnimmt man, dass bei ca. 270 °C der Widerstand R_{Pt} gleich 200 Ω ist. R_{Pt} ist damit gleich 2/3 des Gesamtwiderstands aus R_3 und R_{Pt}. Also ist auch U_{Pt} gleich 2/3 der Gesamtspannung von 6,0 V, d. h. $U_{Pt} = 4{,}0$ V und U_3 somit 2 V. Daraus ergibt sich, dass die Spannung U_{PQ} einen Betrag von 1,0 V hat.

d) Wenn $U_{PQ} = 1{,}5$ V ist, dann bedeutet das, dass über R_3 eine Spannung von 1,5 V abfällt. Daraus folgt für R_{Pt}: $U_{Pt} = 4{,}5$ V. Da U_{Pt} dreimal so groß wie U_3 ist, ist auch R_{Pt} dreimal so groß wie R_3, also $R_{Pt} = 300\ \Omega$.

Dem Diagramm kann man entnehmen, dass die Temperatur bei etwa 530 °C liegt.

Halbleiter

Seite 145

1 Je stärker die Atome schwingen, desto mehr werden die beweglichen Ladungsträger gebremst. Dennoch nimmt der Widerstand von Halbleitern mit zunehmender Temperatur nicht zu, sondern ab. Erkläre.

Wenn der Halbleiter erwärmt wird, dann schwingen die Gitteratome stärker. Je stärker die Gitteratome schwingen, desto mehr Elektronenpaarbindungen werden aufgebrochen und desto mehr Elektronen stehen als freie Ladungsträger zur Verfügung.

Seite 147

1 Nenne für den NTC und den LDR mindestens eine technische Anwendung und beschreibe deren Funktion.

Der LDR ist ein lichtabhängiger Widerstand. Je stärker der LDR beleuchtet wird, desto kleiner wird sein Widerstand. Der LDR kann z. B. als Dämmerungsschalter eingesetzt werden.

Der NTC ist ein temperaturabhängiger Widerstand. Je wärmer der LDR wird, desto kleiner wird sein Widerstand. Der NTC kann z. B. als Frostwächter eingesetzt werden.

2 NTCs und LDRs nutzen die Eigenschaft von Halbleitern, bei Energiezufuhr ihre Leitungseigenschaften zu verändern. Beschreibe dieses Verhalten mithilfe eines geeigneten Modells.

Das Leitungsverhalten von NTC und LDR lässt sich mit dem Bändermodell erklären. Im kalten Zustand ist die Energielücke zwischen dem Valenzband und dem Leitungsband der Atome im NTC groß. Im Leitungsband befinden sich keine frei beweglichen Elektronen. Wenn der NTC erwärmt wird, dann wird ihm Energie zugeführt. Diese zugeführte Energie ermöglicht es einigen Elektronen, die Energielücke zu überwinden und in das Leitungsband zu wechseln.

Beim LDR ist die Funktion analog. Hier wird die Energie in Form von Lichtenergie zugeführt.

3 Silicium wird mit Stickstoff, Kohlenstoff oder Aluminium dotiert. Erläutere, wie sich dies auf die Art und die Anzahl der beweglichen Ladungsträger auswirkt.

Bei der Dotierung mit Stickstoff aus der V. Hauptgruppe des Periodensystems erhält man einen n-Halbleiter mit vielen Elektronen als Ladungsträger.

Die Dotierung mit Kohlenstoff aus der IV. Hauptgruppe ändert die Art und Zahl der Ladungsträger gegenüber reinem Silicium nicht. Man erhält einen Halbleiter mit einer temperaturabhängigen Anzahl von Elektronen und Löchern.

Bei einer Dotierung mit Aluminium aus der III. Hauptgruppe ergibt sich ein p-Halbleiter mit vielen Löchern als Ladungsträger.

Seite 148 (Material)

Versuche – Versuche mit NTC und LDR

V1 Temperaturabhängiger Widerstand

a) – c) *Beobachtung*: Je höher die Temperatur des NTC ist, desto größer ist die gemessene Stromstärke.

d) Prinzipiell sind sowohl das Kristallgittermodell als auch das Bändermodell zur Erklärung geeignet. Die *Erklärung* im Bändermodell ist aber einfacher:

Durch die Erwärmung wird dem NTC Energie zugeführt. Diese Energie ermöglicht es einigen Elektronen, in das Leitungsband zu wechseln.

e) Mithilfe des NTC kann eine Temperaturänderung in einen veränderten Widerstand und somit in ein elektrisches Signal umgewandelt werden. Damit kann man einen NTC zur Temperaturmessung oder zur Überwachung von Temperaturen nutzen.

V2 Lichtabhängiger Widerstand

a) – c) *Beobachtung:* Je stärker die Beleuchtung des LDR ist, desto größer ist die gemessene Stromstärke.

d) *Erklärung* analog zu V1d.

e) Mithilfe des LDR kann eine Beleuchtung in einen veränderten Widerstand und somit in ein elektrisches Signal umgewandelt werden. Damit kann man einen LDR zur Belichtungsmessung, in Lichtschranken oder zur Überwachung von Beleuchtungen, z. B. in Dämmerungsschaltungen, nutzen.

V3 Beleuchtung in verschiedenen Abständen

a) Schüleraktivität

b) Beispielmessung ($U = 6$ V)

s in cm	I in mA	R in Ω
10	200	30
20	50	120
30	20	300
40	12	500
50	9	667

c)

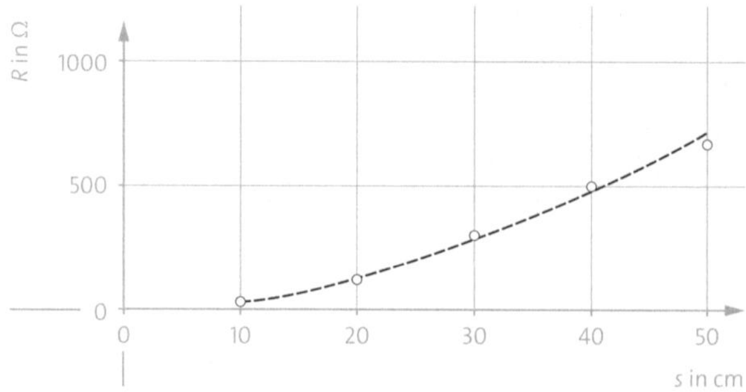

d) Ein linearer Zusammenhang zwischen Abstand und Widerstand besteht nicht. Die Messwerte ergeben keine Quotientgleichheit: 3, 6, 10, 12,5, 13,34; Quotienten jeweils in Ω/cm angegeben.

Schaut man sich die Werte an, so könnte man einen quadratischen Zusammenhang vermuten. Die Quotienten R/s^2 sind in Ω/cm^2 angegeben: 0,3, 0,3, 0,33, 0,31, 0,27.

e) Offenbar steigt der Widerstand mit dem Quadrat des Abstands. Insbesondere der letzte Wert weicht aber deutlich ab. Vermutlich nähert sich der LDR bei diesem Abstand dem Zustand, wo er seinen maximalen Widerstandswert erreicht und eine weitere Abnahme der Lichtintensität nur noch zu geringer und schließlich keiner Erhöung des Widerstands mehr führt.

Seite 149 (Material)

Versuche – Versuche mit NTC und LDR

V4 Lichtabhängige Spannung

Hinweis: Der Festwiderstand sollte zwischen dem Dunkelwiderstand und dem Hellwiderstand des LDRs liegen.

a) *Beobachtung:* Bei stärkerer Beleuchtung nimmt die Spannung am Festwiderstand zu. Verringert man die Beleuchtung z. B. durch Abdunkeln mit der Hand, so nimmt die Spannung ab.

Erklärung: Der LDR R_1 und der Festwiderstand R_2 bilden eine Spannungsteilerschaltung. Die beiden Teilspannungen U_1 am LDR und U_2 am Festwiderstand addieren sich zur Spannung des Akkus.

$U_1 + U_2 = U_{\text{Akku}}$.

Das Verhältnis der Teilspannungen hängt von den Widerständen ab. Es gilt:

$$\frac{U_1}{U_2} = \frac{R_1}{R_2}.$$

Bei stärkerer Beleuchtung nimmt der Widerstand R_1 des LDRs ab. Damit nimmt die Spannung U_1 am LDR ab. Da die beiden Teilspannungen addiert die Spannung des Akkus ergeben müssen, nimmt die Spannung U_2 am Festwiderstand zu.

b) *Beobachtung:* Bei stärkerer Beleuchtung nimmt die Spannung am LDR ab, bei schwächerer Beleuchtung nimmt sie zu.
Erklärung: Durch die stärkere Beleuchtung nimmt der Widerstand des LDR ab und damit nimmt wie oben erklärt auch die Spannung am LDR ab. Entsprechendes gilt bei schwächerer Beleuchtung.

V2 Clevere Lichterkette
Hinweis: Das Gelingen dieses beeindruckenden Versuchs hängt entscheidend von der Wahl des Heißleiters ab. Der Widerstand bei Raumtemperatur sollte im Kiloohm-Bereich liegen, z. B. 1,8 kΩ. Die Spannung des Netzgeräts muss genügend groß sein, z. B. 18 V. Dies bedingt wiederum die Wahl der Glühlampen.
a) *Beobachtung:* Unmittelbar nach Herausdrehen der Lampe geht die Stromstärke auf etwa 10 mA zurück und die Lampen gehen aus. Nach einiger Zeit nimmt die Stromstärke erst langsam, dann immer schneller zu. Die Helligkeit der verbleibenden Lampen nimmt entsprechend zu. Am Ende erreicht die Stromstärke wieder etwa 100 mA wie vor dem Herausdrehen der Lampe. Die beiden anderen Lampen leuchten wieder normal hell.
b) *Erklärung:* Siehe Aufgabe A3.

Material A – Heißleiter

A1 Ein Heißleiter R_1 und ein Festwiderstand R_2 sind in Reihe geschaltet und an eine elektrische Quelle mit konstanter Spannung angeschlossen.
a) Zeichne einen Schaltplan.
b) Beschreibe, wie sich die Spannung U_1 am Widerstand R_1 ändert, wenn die Temperatur zu- bzw. abnimmt.
c) Beantworte b) für die Spannung U_2 am Widerstand R_2.
a) Schaltplan:

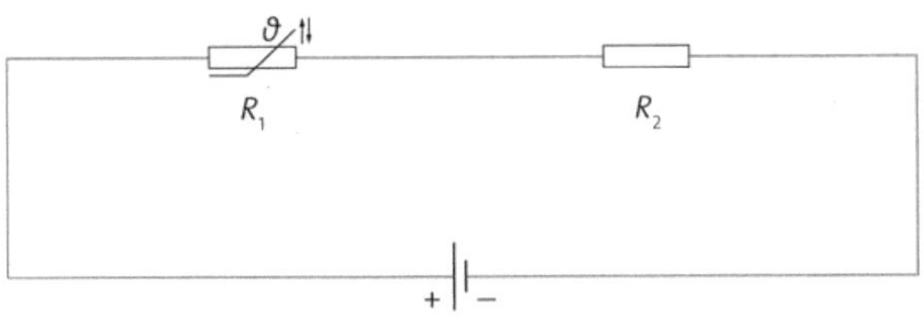

b) Bei zunehmender Temperatur nimmt der Widerstand R_1 des Heißleiters ab, folglich nimmt auch die Teilspannung U_1 ab. Bei abnehmender Temperatur nimmt U_1 zu.
c) Da die Gesamtspannung konstant ist, verhält sich die Teilspannung U_2 umgekehrt wie die Teilspannung U_1: Bei zunehmender Temperatur nimmt U_2 zu, bei abnehmender Temperatur nimmt U_2 ab.

A2 Ein Heißleiter hat bei Raumtemperatur einen Widerstand von 1,8 kΩ. Er wird an eine elektrische Quelle mit einer Spannung von 6 V angeschlossen.
a) Berechne die Stromstärke unmittelbar nach dem Anschließen.
b) Begründe, dass die Stromstärke mit der Zeit immer mehr zunimmt.
c) Ein Heißleiter darf nicht direkt an eine elektrische Quelle angeschlossen werden. Begründe.
Gegeben: Widerstand bei Raumtemperatur $R = 1{,}8\ \text{k}\Omega$, Spannung $U = 6\ \text{V}$
Gesucht: Stromstärke I beim Anschließen

$$R = \frac{U}{I} \quad |\cdot I\,|:R$$

$$I = \frac{U}{R} = \frac{6\ \text{V}}{1800\ \Omega} = 3{,}3\ \text{mA.}$$

b) Durch die Wärmewirkung des elektrischen Stroms erwärmt sich der Heißleiter. Dadurch nimmt der Widerstand des Heißleiters ab und die Stromstärke nimmt zu. Durch die zunehmende Stromstärke erwärmt sich der Heißleiter weiter und der Widerstand nimmt noch mehr ab und die Stromstärke nimmt noch mehr zu. Durch diese sogenannte Rückkopplung steigt die Stromstärke immer weiter an.
c) Wenn ein Heißleiter direkt an eine elektrische Quelle angeschlossen wird, dann erwärmt er sich immer weiter bis er zerstört wird.

A3 Bei Weihnachtslichterketten sind viele Glühlampen in Reihe geschaltet. Wenn eine Lampe durchbrennt, müsste eigentlich die ganze Kette ausgehen. Damit das nicht passiert, baut man zu jeder Lampe einen parallel geschalteten Heißleiter ein. Das Prinzip zeigt ▹Bild 05.
a) Im Normalzustand, also wenn die Lampen alle leuchten, sind die Heißleiter kalt und der Strom fließt praktisch nur durch die Lampen. Erkläre.
b) Brennt eine Lampe durch, so ist die Spannung am entsprechenden Heißleiter zuerst sehr groß. Begründe.
c) Die Stromstärke durch den Heißleiter nimmt mit der Zeit immer mehr zu. Begründe. Erkläre, was daraus für die Lampen folgt?
a) Zu jeder Glühlampe ist ein Heißleiter parallel geschaltet. Bei Raumtemperatur ist der Widerstand eines Heißleiters sehr viel größer als der einer Lampe. Die Teilstromstärke durch den Heißleiter ist damit viel kleiner als die durch die Lampe. Folglich geht der Strom praktisch nur durch die Lampen und die Lampen leuchten alle korrekt.
b) Wenn eine Lampe durchbrennt, dann ist der zugehörige Heißleiter in Reihe zu den anderen Lampen mit jeweiligen Heißleitern geschaltet. In dieser Reihenschaltung ist der Widerstand des Heißleiters sehr viel größer als der Ersatzwiderstand aus einer Lampe mit parallelem Heißleiter. Folglich ist auch die Teilspannung am Heißleiter am größten.

c) Kurz nach dem Durchbrennen einer Lampe ist der zugehörige Heißleiter noch kalt, sein Widerstand ist groß und folglich ist die Stromstärke trotz der großen Teilspannung am Heißleiter noch klein. Durch die Wärmewirkung des Stroms nimmt die Temperatur des Heißleiters zu und damit sein Widerstand ab. Folglich nimmt die Stromstärke mit der Zeit immer mehr zu und gleichzeitig nimmt die Teilspannung am Heißleiter immer mehr ab. Mit zunehmender Stromstärke leuchten die Lampen immer heller. Zuletzt sind die Teilspannungen am Heißleiter und an den Lampen gleich und die Lampen leuchten in ihrer normalen Helligkeit.

Material B – Elektrizitätsleitung

B1 a) Fülle die Tabelle aus.
b) Beschreibe, wie sich positive bzw. negative Ladungsträger im Stromkreis bewegen.
c) Die Richtung des elektrischen Stroms ist immer gleich. Erkläre mit Guthaben- und Schuldenströmen.
a) Tabelle:

Material	bewegliche Ladungsträger	sind vorhanden bzw. entstehen durch
Kochsalzlösung	positive und negative Ionen	sind immer vorhanden
Metall	negative Elektronen	sind immer vorhanden
undotierter Halbleiter	negative Elektronen und positive Löcher	entstehen durch Wärme oder Licht
n-dotierter Halbleiter	negative Elektronen	sind immer vorhanden
p-dotierter Halbleiter	positive Löcher	sind immer vorhanden

b) Positive Ladungsträger bewegen sich vom Pluspol der elektrischen Quelle durch den äußeren Stromkreis zum Minuspol. Negative Ladungsträger bewegen sich vom Minuspol durch den äußeren Stromkreis zum Pluspol.
c) Die Bewegung der positiven Ladungsträger entspricht einem Guthabenstrom vom Plus- zum Minuspol. Dagegen entspricht die Bewegung der negativen Ladungsträger einem Schuldenstrom vom Minus- zum Pluspol. Ein Schuldenstrom vom Minus- zum Pluspol ist aber gleichbedeutend wie ein Guthabenstrom vom Plus- zum Minuspol. Also ist die Stromrichtung bei beiden Ladungsträgern gleich.

2 Halbleiter-Bauteile

Leuchtdioden und andere Dioden

Seite 151

1 a) Beschreibe die Unterschiede von additiver und subtraktiver Farbmischung.
b) Beschreibe das Leuchten der LED mithilfe der Energieumwandlung.
a) *Additive Farbmischung:* Bei der additiven Farbmischung überlagert sich das Licht verschiedener Lichtquellen. Rotes und blaues Licht ergeben magentafarbenes Licht; Rot, Blau und Grün ergeben Weiß.
Subtraktive Farbmischung: Bei der subtraktiven Farbmischung passiert das Licht einen Filter oder wird an einer Oberfläche reflektiert. Dabei absorbieren Filter bzw. reflektierende Oberflächen jeweils einen Teil des Farbspektrums. Passiert das Licht einen roten und einen grünen Filter, dann ist hinter den Filtern kein Licht mehr zu beobachten.Die drei Farben Magenta, Cyan und Gelb ergeben in der Überlagerung Schwarz.
b) Wenn eine LED in Durchlassrichtung geschaltet ist, dann fließt oberhalb der Schwellenspannung ein Strom. Wenn ein Loch und ein Elektron rekombinieren, dann wird Energie frei. Diese Energie wird in Form von Licht abgegeben. Die Farbe, in der die LED leuchtet, hängt vom Abstand zwischen Valenz- und Leitungsband ab. Diesen Abstand kann man durch die Wahl der Materialien beeinflussen.

Seite 152

1 Eine LED muss man mit einem Vorwiderstand betreiben. Begründe.
Bei einer LED darf die Stromstärke einen Maximalwert, i. d. R. zwischen 20 mA und 50 mA, nicht überschreiten. Die Kennlinie der LED zeigt, dass ab einer Spannung von ca. 1,8 V ein nennenswerter Strom einsetzt. Bei einer weiteren Erhöhung der Spannung steigt die Stromstärke stark an, da der Widerstand der LED immer kleiner wird. Ohne einen geeigneten Vorwiderstand würde die Stromstärke zu groß und die LED zerstört werden.

2 Berechne mithilfe der Kennlinie im ▹Bild 02 den Vorwiderstand für die gelbe und grüne LED.

Die Stromstärke durch die LEDs soll max. 20 mA betragen. Die LEDs sollen jeweils mit 6 V betrieben werden. Aus den Kennlinien lesen wir für die gelbe LED eine Spannung von U_{LED} = 2,09 V und für die grüne LED eine Spannung von U_{LED} = 2,2 V ab. Für den Vorwiderstand erhalten wir somit:

$R = \frac{6\ V - 2{,}09\ V}{0{,}02\ A} = \frac{3{,}91\ V}{0{,}02\ A} = 196\ \Omega$ für die gelbe LED und

$R = \frac{6\ V - 2{,}2\ V}{0{,}02\ A} = \frac{3{,}8\ V}{0{,}02\ A} = 190\ \Omega$ für die grüne LED.

3 Zwei rote LEDs sollen a) in Reihe, b) parallel an einer 9 V-Batterie betrieben werden. Berechne den Vorwiderstand.

a) In der Reihenschaltung ist die Stromstärke überall gleich. Daraus ergibt sich für den Vorwiderstand:

$R = \frac{9\ V - 2\ V - 2\ V}{0{,}02\ A} = \frac{5\ V}{0{,}02\ A} = 250\ \Omega.$

b) In der Parallelschaltung teilen sich die Ströme auf. Da beide LEDs die gleiche Farbe haben, kann man davon ausgehen, dass die Stromstärke in beiden Stromzweigen gleich 0,02 A ist. Wenn beide LEDs jeweils mit einem Vorwiderstand versehen werden, gilt für dessen Widerstandswert:

$R = \frac{9\ V - 2\ V}{0{,}02\ A} = \frac{7\ V}{0{,}02\ A} = 350\ \Omega.$

Man kann aber auch einen Vorwiderstand für beide LEDs einbauen. Wenn die Stromstärke in beiden Stromkreisen jeweils maximal 20 mA beträgt, dann ist die Gesamtstromstärke 0,04 mA. Über die LEDs fallen noch 2 V ab. Dann gilt für den Vorwiderstand:

$R = \frac{9\ V - 2\ V}{0{,}04\ A} = \frac{7\ V}{0{,}04\ A} = 175\ \Omega.$

Seite 153 (Material)

Versuche – Versuche mit Leuchtdioden

V1 Polungsanzeiger

a) Mögliche sinnvolle Beschriftung:
Grün: A Plus, B Minus,
Rot: A Minus, B Plus.

b) Leuchtet die LED 1, dann ist A der Pluspol und B der Minuspol. Leuchtet die LED 2, so ist es umgekehrt.

c) Bei Wechselspannung leuchten beide LEDs. Wenn man genau hinschaut, dann erkennt man, dass die LEDs flackern. Dies liegt daran, dass bei Wechselspannung die Stromrichtung 100-mal in der Sekunde wechselt. Daher leuchten die grüne und die rote LED abwechselnd auf.

V2 Graetz-Schaltung

a) Schüleraktivität

b) Die LEDs oben rechts und unten links leuchten.

c) Die LEDs unten rechts und oben links leuchten.

d) Der Strom fließt von rechts nach links, also von D nach C. Entsprechend wäre D der Pluspol der Spannung zwischen D und C.

e) *Beobachtung:* Es leuchten alle vier LEDs. Ein Spannungsmessgerät zwischen den Punkten C und D zeigt Gleichspannung an.
Erklärung: Es ändert sich ständig die Stromrichtung. Die LEDs rechts oben und links unten leuchten im Wechsel mit den LEDs links oben und rechts unten. Die Stromrichtung durch den Widerstand ist immer gleich.

Material A – LEDs und Vorwiderstand

▹Bild 07A und B zeigt zwei Möglichkeiten, um zwei baugleiche LEDs anzuschließen. Die Spannung der Quelle beträgt 6 V. Die LEDs benötigen eine Spannung von 2,2 V und eine Stromstärke von 20 mA.
a) Berechne die Widerstände.
b) Bewerte Vor- und Nachteile der beiden Schaltungen.

a) Gegeben: U_Q = 6 V, U_{LED} = 2,2 V,
I_{LED} = 0,020 A
Gesucht: Vorwiderstände
Parallelschaltung (Bild 07A):
Berechnung der Spannung am Vorwiderstand:
$U_R = U_Q - U_{LED}$ = 6 V – 2,2 V = 3,8 V.
Berechnung des Vorwiderstands:

$R = \frac{U_R}{I} = \frac{3{,}8\,V}{0{,}020\,A} = 190\ \Omega.$

Reihenschaltung (Bild 07B):
Berechnung der Spannung am Vorwiderstand:
$U_R = U_Q - U_{LED} - U_{LED}$ = 6 V – 2,2 V – 2,2 V = 1,6 V.
Berechnung des Vorwiderstands:

$R = \frac{U_R}{I} = \frac{1{,}6\,V}{0{,}020\,A} = 80\ \Omega.$

b) Bei der Parallelschaltung kann man die LEDs einzeln ein- und ausschalten, bei der Reihenschaltung geht das nicht.

A2 Drei LEDs (rot, gelb, grün) sollen an einer Spannung von 6 V betrieben werden. Die LEDs sollen sich einzeln ein- und ausschalten lassen. Zeichne einen Schaltplan. Berechne die erforderlichen Vorwiderstände. Verwende dazu die Kennlinien von ▹Bild 02 auf der linken Seite.

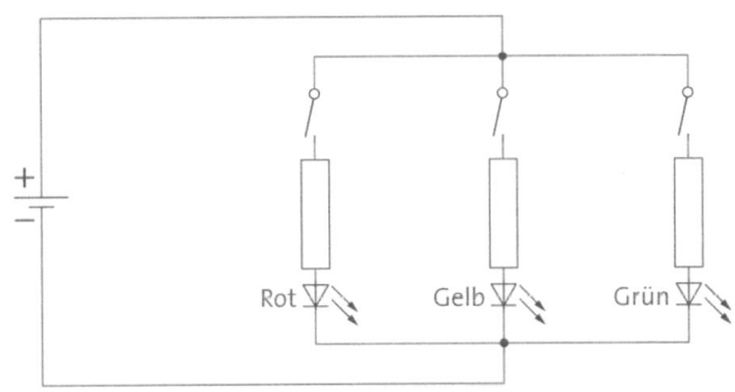

Mithilfe der Kennlinien von ▹Bild 02 auf S. 152 bestimmt man die nötigen Spannungen der LEDs bei einer Sollstromstärke von 20 mA:
$U_{rot} = 2{,}0$ V, $U_{gelb} = 2{,}08$ V, $U_{grün} = 2{,}2$ V.
Für die Vorwiderstände erhält man:
Rote LED:

$$R_{rot} = \frac{U_R}{I} = \frac{U_Q - U_{rot}}{I} = \frac{6{,}0\,V - 2{,}0\,V}{0{,}020\,A} = 200\,\Omega.$$

Gelbe LED:

$$R_{gelb} = \frac{U_R}{I} = \frac{U_Q - U_{gelb}}{I} = \frac{6{,}0\,V - 2{,}08\,V}{0{,}020\,A} = 196\,\Omega.$$

Grüne LED:

$$R_{grün} = \frac{U_R}{I} = \frac{U_Q - U_{grün}}{I} = \frac{6{,}0\,V - 2{,}2\,V}{0{,}020\,A} = 190\,\Omega.$$

Technische Widerstände gibt es nur in gewissen Abstufungen, z. B. 180 Ω, 220 Ω, 270 Ω, ... In der Praxis verwendet man den nächstgrößeren Widerstand, hier also jeweils 220 Ω.

Material B – Dioden und Lampen bei Gleich- und Wechselstrom

B1 a) In der Schaltung links wird eine Gleichspannung zwischen die Anschlüsse A und B angelegt. Dabei ist A der Plus- und B der Minuspol. Gib an, welche Lampen leuchten.
b) Die Polung wird vertauscht. Gib an, welche Lampen nun leuchten.
c) Zwischen A und B wird eine Wechselspannung angelegt. Gib an, welche Lampen leuchten.
a) Es leuchten die Lampen L_1 und L_2.
b) Es leuchten die Lampen L_1 und L_3.
c) Bei Wechselspannung leuchten alle Lampen.

Seite 154

1 60 Solarzellen sind zu einem Strang in Reihe, 40 Stränge sind parallel geschaltet. Berechne Leerlaufspannung, Kurzschlussstromstärke und maximale Leistung.
1 *Leerlaufspannung:* Bei der Reihenschaltung der Solarzellen zu einem Strang addieren sich die einzelnen Leerlaufspannungen. Bei der Parallelschaltung der Stränge bleibt die Leerlaufspannung gleich. Also beträgt die Leerlaufspannung des Moduls:
$U_L = 60 \cdot 0{,}5$ V $= 30$ V.
Kurzschlussstromstärke: Bei der Reihenschaltung bleibt die Kurzschlussstromstärke gleich, bei der Parallelschaltung addiert sie sich. Also beträgt die Kurzschlussstromstärke des Moduls:
$I_K = 40 \cdot 2{,}2$ A $= 88$ A.
Maximale Leistung: Die maximale Leistung lässt sich abschätzen als Produkt von Leerlaufspannung und Kurzschlussstromstärke zu:
$P = U_L \cdot I_K = 2{,}6$ kW.

Seite 155

1 Bestimme die von der Glühlampe im ▹Bild 04 abgegebene Leistung.
Die Spannung an der Lampe beträgt 3,8 V, die Stromstärke 4,6 A. Damit erhält man für die Leistung:
$P = U \cdot I = 17{,}5$ W.

2 Berechne die Leistungen für die Solarzelle, wenn diese an den Punkten B und C betrieben wird (▹Bild 06).
Leistung für Punkt B:
$P_B = U_B \cdot I_B = 2{,}1\ V \cdot 0{,}37\ A = 0{,}78$ W.
Leistung für Punkt C:
$P_C = U_C \cdot I_C = 1{,}3\ V \cdot 0{,}49\ A = 0{,}64$ W.

Transistoren steuern Ströme

Seite 157

1 Überprüfe, ob die Fälle „Lampe leuchtet nicht" im ▹Bild 03 mit dem Ersatzschaltbild des Transistors übereinstimmen.
In den Fällen A und B wird der Transistor über die Kollektor-Emitter-Strecke betrieben. Dabei befindet sich stets eine der Dioden des Ersatzschaltbildes in Sperrrichtung. In den Fällen D, E und F wird der Transistor über die Basis und jeweils einen der anderen Anschlüsse betrieben. Im Ersatzschaltbild wird deutlich, dass nur dann ein Strom fließen kann, wenn der Pluspol der Spannungsquelle an der Basis des Transistors liegt.
Die Beobachtungen stimmen also mit dem Ersatzschaltbild überein.

2 Wenn man an die Basis eine negative Spannung anlegt, dann sperrt der Transistor. Erkläre das Sperren des Transistors mithilfe von ▹Bild 06.
Wenn an der Basis eine negative Spannung anliegt, dann wird die p-Schicht negativ geladen. Die freien Elektronen der n-Schichten von Kollektor und Emitter werden abgestoßen. Die p-Schicht verbeitert sich.

Seite 159

1 Ändere die Schaltung von ▹Bild 02 so, dass sie als Dämmerungsschalter wirkt. Die Lampe soll leuchten, wenn es dunkel wird.

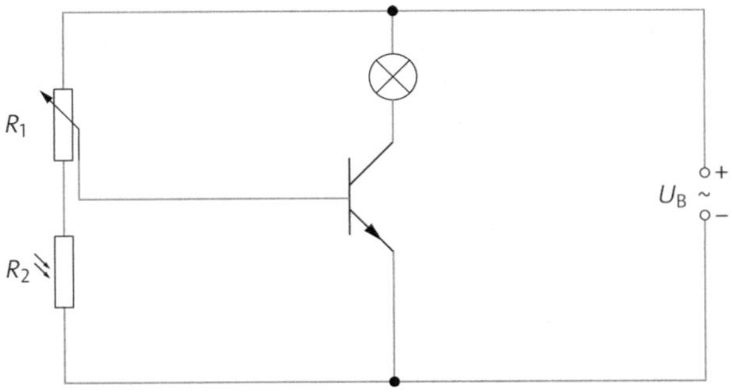

2 Entwirf eine Schaltung für einen Frostwächter. Die Schaltung soll ein Signal geben, wenn es kälter wird.

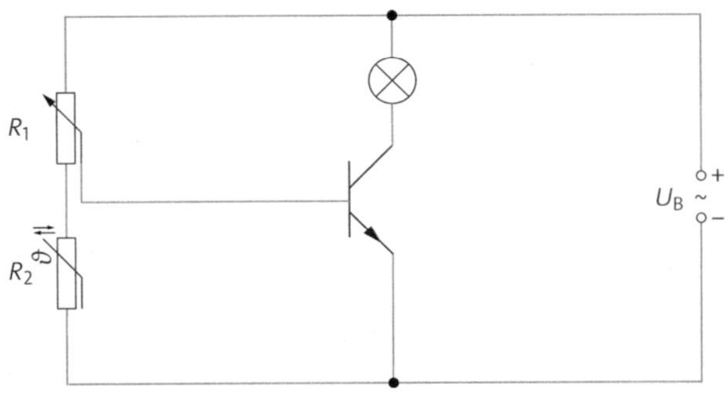

Seite 161

Versuche – Versuch mit Transistoren

V1 Bleistiftorgel

a) Schüleraktivität

b) Wenn die Büroklammer über den Bleistiftstrich bewegt wird, dann ändert sich die Höhe der Töne. Je dichter die Büroklammer am zweiten Anschluss ist, desto höher werden die Töne.

c) Der Bleistiftstrich erfüllt hier die Funktion eines veränderlichen Widerstandes. Je länger der Strich zwischen den Anschlüssen ist, desto größer ist auch der Widerstand.

Material A – Transistorschaltungen

A1 a) Bei Zimmerhelligkeit leuchtet die Lampe in der Schaltung ▹Bild 06A schwach. Beschreibe, wie sich die Helligkeit der Lampe ändert, wenn der LDR beleuchtet bzw. abgedunkelt wird. Begründe mithilfe der Basis-Emitter-Spannung.

b) Beantworte die Frage aus a) für die Schaltung ▹Bild 06B. Begründe deine Antwort.

c) In der Schaltung ▹Bild 06B ist $U = 9{,}0$ V und $R_1 = 1{,}0$ kΩ. Die Schwellenspannung des Tranistors beträgt 0,7 V. Berechne, wie groß R_2 mindestens sein muss, damit die Lampe aus ist.

d) In der Schaltung von ▹Bild 06C ist der Schalter offen. Begründe, dass die Lampe leuchtet. Der Schalter wird nun geschlossen. Erkläre, was mit der Lampe geschieht.

e) Beim Öffnen der Autotür geht die Innenbeleuchtung an. Erkläre, wie man die Schaltung ▹Bild 06C dafür verwenden kann. Beschreibe, wie man die Schaltung abändern muss, damit sie auch bei zwei oder mehr Türen funktioniert.

a) Wenn es im Zimmer dunkler wird, dann erhöht sich der Widerstand des LDR (R_1). Je größer der Widerstand des LDR ist, desto größer ist die Spannung zwischen Basis und Emitter. Wenn die Spannung zwischen Basis und Emitter steigt, dann wird der Transistor leitend. Die Lampe im Arbeitskreis beginnt zu leuchten.
Für das Beleuchten des Raumes funktioniert die Schaltung analog. Die Lampe im Arbeitskreis leuchtet nicht.

b) In dieser Schaltung sind der LDR und der Widerstand im Vergleich zur Schaltung A getauscht. Wenn die Lampe beleuchtet wird, dann wird der Widerstand des LDR kleiner. Wenn der Widerstand des LDR kleiner wird, dann erhöht sich die Spannung zwischen Basis und Emitter. Die Strecke zwischen Emitter und Kollektor, der Arbeitskreis, wird leitend. Die Lampe leuchtet.

c) In der Reihenschaltung verhalten sich die Spannungen, die über einem Widerstand gemessen werden, wie die zugehörigen Widerstände.
Berechnung der Spannung U_2, die über R_2 abfallen muss:
$U_2 = 9\text{ V} - 0{,}7\text{ V} = 8{,}3\text{ V}$.
Es gilt:
$\frac{U}{R_1 + R_2} = \frac{U_2}{R_2}$. Einsetzen der bekannten Werte liefert:
$\frac{9\text{ V}}{1\text{ k}\Omega + R_2} = \frac{8{,}3\text{ V}}{R_2}$, also
$\frac{1\text{ k}\Omega + R_2}{9\text{ V}} = \frac{R_2}{8{,}3\text{ V}}$. Auflösen nach R_2 liefert:
$$\frac{8{,}3\text{ V} \cdot (1\text{ k}\Omega + R_2)}{8{,}3\text{ V} \cdot 9\text{ V}} = \frac{9\text{ V} \cdot R_2}{8{,}3\text{ V} \cdot 9\text{ V}}$$
$$\frac{8{,}3\text{ k}\Omega + 8{,}3 \cdot R_2}{74{,}7\text{ V}} = \frac{9 \cdot R_2}{74{,}7\text{ V}} \quad |\cdot 74{,}7\text{ V}$$
$8{,}3\text{ k}\Omega + 8{,}3 \cdot R_2 = 9 \cdot R_2 \quad |-8{,}3\,R_2$
$8{,}3\text{ k}\Omega = 0{,}7 \cdot R_2 \quad |:0{,}7$
$R_2 = 11{,}9\text{ k}\Omega$
Der Widerstand des LDR muss mindestens 11,9 kΩ betragen, damit die Lampe nicht leuchtet.

d) Wenn der Schalter offen ist, dann ist der Stromkreis unterbrochen. Der geöffnete Schalter stellt einen unendlich großen Widerstand dar. Die Spannung zwischen Basis und Emitter ist maximal, die Strecke zwischen Kollektor und Emitter leitet.
Wenn der Schalter geschlossen wird, erlischt die Lampe. An der Basis-Emitter-Strecke ist die Spannung null. Der Transistor sperrt.

e) An der Autotür müsste ein Tastschalter eingesetzt werden, der geöffnet ist, wenn die Autotür offen ist.

Die Lampe soll leuchten, wenn mindestens eine Tür geöffnet ist. Die Tastschalter an den Türen müssen in Reihe geschaltet werden. Wenn eine Tür geöffnet ist, dann ist der Stromkreis zwischen Basis und Emitter geöffnet. Die Lampe leuchtet.

A2 Lars vergisst des öfteren, die Topfpflanze zu gießen. Deshalb möchte er eine Schaltung bauen, die bei trockener Erde automatisch eine Warnlampe einschaltet. Seine Schaltung funktioniert aber nicht (▹Bild 07). Finde die Fehler. Zeichne den korrekten Schaltplan.

Fehler:

- Die Schaltung stellt einen Kurzschluss dar, da Pluspol und Minuspol der Batterie direkt miteinander verbunden sind.
- Es gibt keine Spannungsteilerschaltung zur Steuerung des Transistors.

Korrigierter Schaltplan:

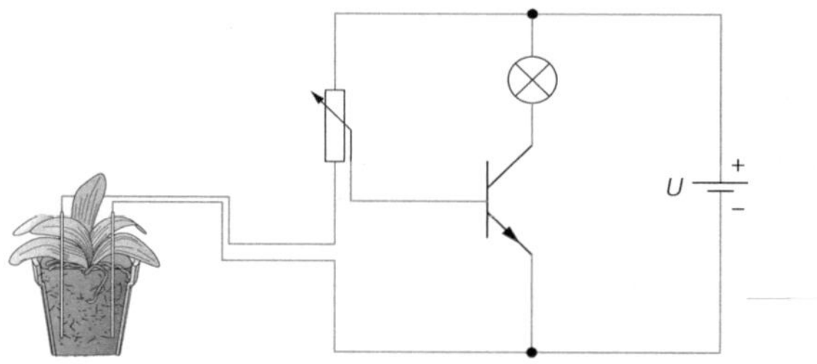

Alternativ könnte das Potenziometer auch durch einen Festwiderstand ersetzt werden.

Seite 161

1 Veranschauliche für die Schaltungen in ▹Bild 07 für $x_1 = 0$, $x_2 = 1$ das Potenzial in Farbe.

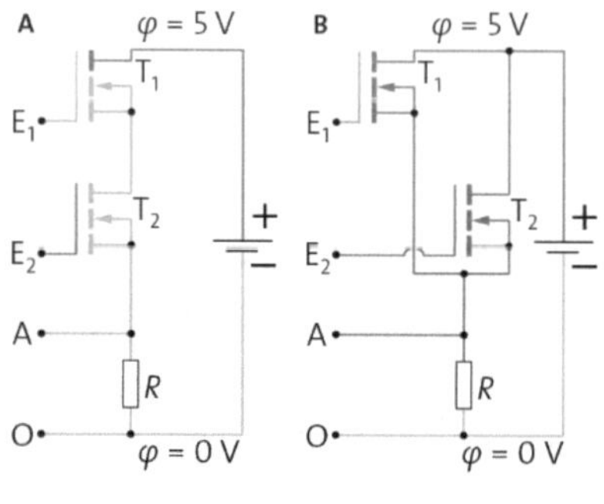

Energieübertragung in Kreisprozessen

Didaktische Hinweise

Indem die Schülerinnen und Schüler hier die Energieübertragung in Kreisprozessen kennenlernen und untersuchen, werden sie zum grundlegenden Verständnis aller wichtigen Energieübertragungen befähigt. Denn am Beispiel des Stirlingmotors (Heißluftmotors) lernen sie Kreisprozesse und den maximal möglichen Wirkungsgrad η kennen. Dieser Wirkungsgrad ist der Quotient aus abgegebener mechanischer Energie und zugeführter thermischer Energie. Nun kann man den Stirlingmotor umkehren und als Wärmepumpe nutzen. Dabei ist der Kehrwert $1/\eta$ der Quotient aus abgegebener thermischer Energie und zugeführter mechanischer Energie. Gäbe es irgendeine Maschine, die diese abgegebene thermische Energie aufnimmt, mechanische Energie abgibt und dabei einen Wirkungsgrad über dem Wirkungsgrad des Stirlingmotors hat, so würde dabei insgesamt permanent mechanische Energie durch Abkühlen der Umgebung abgegeben. Das wäre ein Perpetuum Mobile zweiter Art. Das ist prinzipiell unmöglich. Das entspricht der Aussage des zweiten Hauptsatzes der Thermodynamik, dass die Entropie insgesamt nie absinkt. Daher werden die Lernenden in diesem Kapitel befähigt, alle Energieübertragungen auch in Bezug auf die überall präsente Energieentwertung hin selbstständig auch quantitativ zu beurteilen und zu bewerten. Diese allgemeine Fähigkeit gewinnen die Lernenden an dem konkreten Beispiel des Stirlingmotors durch eine umfassend strukturierte sanfte Progression. Dabei wird der Gehalt des zweiten Hauptsatzes der Thermodynamik mithilfe des alltäglichen Wirkungsgrades hergeleitet, auch ohne dass der innerphysikalische Begriff der Entropie benötigt wird.

Gasgesetze

Das Kerncurriculum erwartet die Beschreibung der Gesetze von BOYLE-MARIOTTE und GAY-LUSSAC und damit indirekt auch das Gesetz von AMONTONS für ideale Gase. Am lebensweltlichen Beispiel der Abkühlung von Luft behandeln wir die empirische Entdeckung der Proportionalität des Gasdrucks zur absoluten Temperatur. Die Abstraktion „$p = 0$ Pa, wenn $T = 0$ K“ ist für die Lernenden leichter verständlich als „$V = 0\ \text{m}^3$, wenn $T = 0$ K“. Am lebensweltlichen Beispiel des Füllens einer Pressluftflasche mit Sauerstoff behandeln wir die empirische Entdeckung der Antiproportionalität des Gasdrucks zum Gasvolumen. Durch einen weiteren Versuch behandeln wir die empirische Entdeckung der Proportionalität des Gasvolumens zur absoluten Temperatur. Diese drei Gasgesetze werden zum allgemeinen Gasgesetz zusammengeführt. Der Gültigkeitsbereich für ideale Gase wird konkretisierend erörtert. Vielfältige lebensweltliche Anwendungen machen dieses universelle Gasgesetz nachhaltig.

Kreisprozesse

Das Kerncurriculum erwartet die Beschreibung des idealen STIRLING‘schen Kreisprozesses im V-p-Diagramm. Hierzu untersuchen wir zunächst den Zusammenhang von Druck und Energie eines Gases. Dazu beschäftigen wir uns mit einer Luft-Wasser-Rakete. Beim Aufpumpen wird der Pumpenkolben mit einer Kraft um eine bestimmte Strecke verschoben. Das Produkt aus Kraft und Strecke bestimmt die zugeführte Energie. Dieses Produkt ist offenbar gleich dem Produkt aus Volumenänderung und Druck. Nachdem die Lernenden diesen fundamentalen Zusammenhang entdeckt haben, können sie die gesamte Energie der Luft in der Rakete bestimmen und mit der erzielten Höhenenergie vergleichen.

Nachdem alle Lernvoraussetzungen bereitgestellt sind, wird der Stirlingmotor behutsam eingeführt: Zunächst werden der Aufbau und die vier Schritte mit transparenten Abbildungen behandelt. Mit einer vorläufigen didaktischen Reduktion wird die gesamte Aufmerksamkeit auf den Arbeitskolben fokussiert. Für das Gas im Arbeitskolben werden die vier Schritte durch vier Linien im V-p-Diagramm dargestellt. Die übertragenen Energien werden als die bekannten Energieflusspfeile ins Diagramm eingetragen. Dabei wird die Funktion des Verdrängerkolbens als Zwischenspeicher für Energie erkennbar, die in der späteren Energiebilanz nicht berücksichtigt werden muss. Somit werden zwei Paare relevanter Energieflusspfeile für die spätere Energiebilanz bereitgestellt.

Zur Herleitung des maximal möglichen Wirkungsgrades werden für die beiden Paare der Energieflusspfeile mit dem Gesetz von AMONTONS Terme aufgestellt. Das eine Paar der relevanten Energieflusspfeile stellt die zugeführte thermische Energie dar, das andere Paar die an die Umgebung abgegebene thermische Energie. Die Differenz ist die genutzte mechanische Energie. Somit können die Lernenden den Term für den maximalen Wirkungsgrad aufstellen. Wie anfangs beschrieben wird der maximal mögliche Wirkungsgrad auf Wärmepumpen übertragen und auf beliebige thermische Maschinen verallgemeinert. Der Abschnitt wird durch die Behandlung vielfältiger Motoren abgerundet.

In einem weiteren Teil wird die Umkehrbarkeit von Energieübertragungen an vielfältigen Beispielen untersucht. Dabei wird festgestellt, dass Energieübertragungen generell nicht vollständig umkehrbar und somit irreversibel sind. Als Ursache dafür wird erkannt, dass bei einer Energieumwandlung immer etwas Energie als thermische Energie in die Umgebung verstreut wird. Diese verstreute Energie ist entwertet. Die verstreute Energie kann teilweise wieder eingesammelt werden. Beispielsweise kann eine Wärmepumpe thermische Energie aus der Umgebung einsammeln. Mithilfe des maximal möglichen Wirkungsgrades wird gezeigt, dass in einem geschlossenen System nie die gesamte verstreute Energie wieder eingesammelt werden kann. Daraus können die Lernenden folgern, dass Energieumwandlungen in einem abgeschlossenen System immer irreversibel sind. Diese Regel wird am Beispiel der Trinkente noch einmal eindrucksvoll bestätigt. Sie sammelt thermische Energie aus der Umgebung ein. Anders als der Wärmepumpe wird der Trinkente dazu keine Energie gesondert zugeführt. Die Trinkente verstreut dabei aber Wasserdampf in der Umgebung und ist somit kein geschlossenes System.

Aufbauend auf den grundlegenden Erkenntnissen zum maximal möglichen Wirkungsgrad bei Energieübertragungen und zur damit begründeten Irreversibilität können die Lernenden die Umstellung der Industriegesellschaften auf regenerative Energien selbstständig untersuchen und bewerten. Zu diesem wichtigen epochaltypischen Problem bieten wir einen weiteren Abschnitt, in dem beispielsweise herkömmliche Kraftwerke, Blockheizkraftwerke, Windenergieanlagen, Niedrigenergiehäuser oder Plusenergiehäuser behandelt werden.

Seite 169 (Kannst du es noch?)

1 a) Berechne die Fläche, die man mit 1 g des Papiers auslegen könnte. Berechne die Masse des gesamten Pakets.
b) Berechne die Masse einer 1 m^3-Lieferung des Papiers.
c) Zwei Körper haben das gleiche Volumen. Einer der Körper hat eine fünfmal größere Masse als der andere. Bestimme das Verhältnis der Dichten beider Körper.
d) Zwei massengleiche Körper haben ein Volumenverhältnis von 1 : 3. Bestimme das Verhältnis der Dichten der beiden Körper.

a) Dem Bild entnimmt man, dass man mit 80 g des Papiers eine Fläche von 1 m^2 auslegen kann. Mit 1 g des Papiers kann man folglich 1/80 m^2 oder 125 cm^2 auslegen.

b) Ein DIN A4-Blatt hat eine Fläche von 21 cm · 29,7 cm, also 623,7 cm^2. 500 solcher Blätter sind im Paket enthalten. Das entspricht einer Fläche von 500 · 623,7 cm^2 = 311 850 cm^2.
Die Masse des Pakets beträgt somit

$$311\,850\,\text{cm}^2 \cdot \frac{1\,\text{g}}{125\,\text{cm}^2} = 2494{,}8\,\text{g} \approx 2{,}5\,\text{kg}.$$

c) Körper 1: $\rho_1 = \frac{m_1}{V_1}$, Körper 2: $\rho_2 = \frac{5\,m_1}{V_1}$

$$\frac{\rho_1}{\rho_2} = \frac{m_1 \cdot V_1}{V_1 \cdot 5\,m_1} = \frac{1}{5}.$$

d) Körper 1: $\rho_1 = \frac{m_1}{V_1}$, Körper 2: $\rho_2 = \frac{m_1}{3\,V_1}$

$$\frac{\rho_1}{\rho_2} = \frac{m_1 \cdot 3\,V_1}{V_1 \cdot m_1} = 3.$$

2 Beschreibe, was man unter Überdruck und Unterdruck in einem Gas versteht. Nenne Beispiele.
Der Druck macht sich meistens nur dann bemerkbar, wenn er vom äußeren Luftdruck abweicht. In einem aufgepumpten Reifen z. B. ist der Druck der Luft größer als der äußere Luftdruck. Man spricht deshalb von Überdruck. Bei einem Saugnapf an der Wand ist der Druck der Luft unter dem Saugnapf kleiner als der äußere Luftdruck – dort herrscht ein Unterdruck.
Beispiele für Überdruck: gefüllter Luftballon, Druckluftflasche, komprimiertes Gas in einem Motor, …
Beispiele für Unterdruck: Vakuumglocke, trinken durch einen Trinkhalm, atmen, …

3 Auf einer Bergwanderung wird nach der Gipfelrast eine leere Plastikflasche fest verschlossen. Beschreibe, was mit der Flasche beim Abstieg geschieht.
Sieht man von lokalen Luftdruckschwankungen ab, gilt, dass der Luftdruck mit zunehmender Höhe geringer wird. Auf einem Gipfel herrscht also niedrigerer Druck als im Tal. Wenn man auf dem Gipfel eine leere Plastikflasche verschließt, dann steht die in der Flasche eingeschlossene Luft unter diesem Druck. Wandert man dann mit der verschlossenen Flasche talwärts, dann entsteht ein zunehmender Druckunterschied zwischen dem Flascheninneren und dem äußeren Luftdruck, der schließlich die Flasche eindrücken wird. Wenn der Kunststoff einigermaßen elastisch ist, dann kann man beim Öffnen der Flasche ein Zischen – das Hineinströmen von Luft – hören.

4 Eine Wasserleitung mit 2,0 cm^2 Querschnittsfl äche wird mit einem Daumen verschlossen. Dazu ist eine Kraft von 50 N nötig. Berechne den Druck in der Leitung.
Gegeben: Querschnittsfläche A =2,0 cm^2 = 0,00020 m^2, Kraft F = 50 N
Gesucht: Druck p auf den Daumen

$$p = \frac{F}{A} = \frac{50\text{ N}}{0{,}00020\text{ m}^2} = 250\,000\text{ Pa} = 2{,}5\text{ bar}.$$

Der Druck in der Wasserleitung beträgt 0,25 MPa über Normaldruck.

5 a) Im Alltag spricht man oft von „Energieerzeugung", „Energieverbrauch" und „Energiesparen". Erkläre, was damit aus physikalischer Sicht gemeint ist.
b) Vergleiche Energie- und Wasserverbrauch miteinander. Erläutere, was mit der Aussage „Energie wird entwertet" beschrieben wird.
c) Gib Beispiele für Maßnahmen an, mit denen du zuhause Energie „sparen" kannst.

a) „Energieerzeugung": Energie kann nicht entstehen. Man meint damit die Bereitstellung von Energie, meistens von elektrisch übertragener Energie durch Kraftwerke. Dazu muss dem Kraftwerk Energie zugeführt werden, z. B. durch Wind, Sonnenlicht, fließendes Wasser oder durch Brennstoffe wie Kohle, Erdgas und Erdöl.
„Energieverbrauch": Energie kann nicht verschwinden. Man meint damit, dass Maschinen, Gebäude oder Fahrzeuge die zugeführte Energie letztlich als thermische Energie an die Umgebung abgeben. Die abgegebene Energie kann für den ursprünglichen Zweck nicht wieder eingesetzt werden. Man sagt, sie ist entwertet.
„Energiesparen": Damit meint man, dass man weniger Energie einsetzt und damit letztlich in thermische Energie umwandelt.

b) In beiden Fällen bedeutet „Verbrauch" nicht, dass Wasser oder Energie nach der Nutzung verschwunden ist. Das Wasser ist nach der Nutzung verschmutzt und kann nicht mehr zum Trinken, Kochen usw. genutzt werden. Die Energie liegt nach der Nutzung als thermische Energie der Umgebung vor und kann nicht mehr für den ursprünglichen Zweck, z. B. den Antrieb einer

Maschine, verwendet werden.
c) Licht ausschalten, Geräte ausschalten (kein Stand-by-Betrieb), moderne effiziente Geräte nutzen, Geräte nur einschalten, wenn sie wirklich verwendet werden, häufiger zu Fuß gehen, mit dem Fahrrad oder mit öffentlichen Verkehrsmitteln fahren, …

6 Der mittlere Energiebedarf eines Erwachsenen beträgt etwa 10 000 kJ pro Tag. Fast die gesamte zugeführte Energie gelangt als thermische Energie in die Umgebung. Der Mensch wirkt also wie eine Heizung. Berechne die Heizleistung des menschlichen Körpers.
Gegeben mittlerer Energiebedarf pro Tag: $\Delta E = 10\,000\,\text{kJ} = 10\,000\,000\,\text{J}$; $\Delta t = 1\,\text{d} = 24\,\text{h} = 24 \cdot 60 \cdot 60\,\text{s} = 86\,400\,\text{s}$
Gesucht: Heizleistung des menschlichen Körpers: P

$$P = \frac{\Delta E}{\Delta t} = \frac{10\,000\,000\,\text{J}}{86\,400\,\text{s}} \approx 115\,\text{W}.$$

7 Kängurus bewegen sich mit großen Sprüngen fort. Dabei nutzen sie die Energieumwandlung. Die Sehnen und Muskeln ihrer Hinterbeine wirken beim Springen wie Stahlfedern.
a) Beschreibe die Energieumwandlungen beim Känguruspru ng.
b) Erkläre, warum diese Art der Fortbewegung energiesparend ist.
a) Kurz vor dem Absprung sind die Sehnen und Muskeln der Hinterbeine gespannt. Sie besitzen Spannenergie. Beim Absprung wird die Spannenergie in Bewegungs- und Höhenenergie umgewandelt. Das Känguru gewinnt an Geschwindigkeit und Höhe. Bei der Landung werden die Muskeln und Sehnen der Hinterbeine wieder gespannt und das Känguru wird abgebremst. Die Energie, die das Känguru beim Flug hatte, wird größtenteils wieder in Spannenergie umgewandelt.
b) Die Sehnen und Muskeln der Hinterbeine dienen dem Känguru als Zwischenspeicher für Energie. Diese Energie nutzt das Känguru für den nächsten Sprung. Das ist energiesparender, als wenn das Känguru für jeden Sprung Energie aus dem Körper aufbringen müsste.
Bemerkung: Kängurus haben unter allen Landsäugetieren die energiesparendste Art sich fortzubewegen.

8 Erläutere die Bedeutung der Goldenen Regel der Mechanik für technische Anwendungen. Gib Beispiele aus dem Alltag an.
Aus der Goldenen Regel ergibt sich, dass man die gleiche Energiemenge übertragen kann, solange nur $F \cdot \Delta s$ gleich ist, abgesehen von Reibungsverlusten. Die Kraft F, mit der die Energie übertragen wird, kann man verringern, aber dafür wird die Strecke Δs in gleichem Maße länger.
Beispiele für technische Anwendungen sind: Flaschenzug, Rampe, Serpentinen, Hebel.

9 a) Gib an, von welchen Größen die Höhenenergie eines Körpers abhängt.
b) Erläutere, welche Bedeutung der Ortsfaktor dabei hat.
9a) Die Höhenenergie hängt ab von der Masse m des Körpers, vom Ortsfaktor g und von der Höhe h über einem Bezugsniveau.
b) Der Ortsfaktor g ist der Quotient aus der Schwerkraft, die auf einen Körper der Masse m ausgeübt wird, und der Masse m des Körpers. Der Ortsfaktor hängt davon ab, auf welchem Planeten der Körper sich befindet. Auf dem Mond ist g etwa 6-mal kleiner als auf der Erde.

10 Bei einem Fahrrad-Ergometer wird die mechanische Leistung schrittweise gesteigert.
a) Bestimme mithilfe des Diagramms im ▹Bild unten die in den ersten drei Minuten übertragene Energie. Bestimme die insgesamt übertragene Energie.
b) Ein Pedal legt bei einer Umdrehung 1,0 m zurück. Im Trainingsprogramm tritt ein Sportler so, dass er dafür immer 1,0 s benötigt. Daher ändert sich die Kraft, mit der er auf die Pedale drückt. Erkläre mithilfe des Diagramms. Bestimme jeweils die Kraft.
a) In den ersten drei Minuten beträgt die mechanische Leistung $P = 50\,\text{W}$. Die Zeit, während der die Leistung erbracht wird, ist $\Delta t = 3\,\text{min} = 180\,\text{s}$. Die in dieser Zeit übertragene Energiemenge ist folglich:

$$\Delta E = P \cdot \Delta t = 50\,\frac{\text{J}}{\text{s}} \cdot 180\,\text{s} = 9000\,\text{J}.$$

In den nächsten drei Minuten ist die Leistung 100 W. Die in dieser Zeit übertragene Energiemenge ist somit 18000 J.
In den nächsten drei Minuten beträgt die übertragene Energiemenge 27000 J.
In den letzten drei Minuten ist die übertragene Energiemenge 36000 J.
Für die insgesamt in 12 Minuten Trainingszeit übertragene Energiemenge summiert man alle vier Teilbeträge auf:
$E = 9000\,\text{J} + 18000\,\text{J} + 27000\,\text{J} + 36000\,\text{J} = 90000\,\text{J}$.
b) Der Sportler tritt gleichmäßig in die Pedale. Die Geschwindigkeit, mit der er tritt, ist immer gleich: 1,0 m (eine Umdrehung) in 1,0 s, also $v = 1{,}0\,\text{m/s}$. Das Diagramm zeigt, dass die Leistung jeweils nach drei Minuten gesteigert wird. Da die Leistung durch das Produkt aus Kraft F und Geschwindigkeit v gegeben ist, muss die Kraft dabei größer werden. Die Geschwindigkeit bleibt ja konstant.
Es gilt $P = F \cdot v$. Mit $v = 1{,}0\,\text{m/s}$ gilt dann in den Zeitabschnitten:

$$0 - 3\,\text{min: } F = \frac{P}{v} = \frac{50\,\frac{\text{J}}{\text{s}}}{1{,}0\,\frac{\text{m}}{\text{s}}} = 50\,\frac{\text{Nm}}{\text{m}} = 50\,\text{N},$$

$3 - 6\,\text{min: } F = 100\,\text{N}$,
$6 - 9\,\text{min: } F = 150\,\text{N}$,
$9 - 12\,\text{min: } F = 200\,\text{N}$.

11 Eine Feder hat die Federkonstante 100 N/m. Bestimme die maximale Kraft, die dabei ausgeübt wird.
a) Berechne die gespeicherte Spannenergie.
b) Stelle die Spannenergie in einem *s*-*F*-Diagramm dar.

a) Gegeben: $D = 100$ N/m.
Um die maximale Kraft zu berechnen, benötigt man Werte für s.
Ist die Strecke $s = 5{,}0$ cm, dann ist die maximale Kraft:

$$F = D \cdot s = 100\ \frac{\text{N}}{\text{m}} \cdot 0{,}05\ \text{m} = 5\ \text{N}.$$

Die gespeicherte Spannenergie ist dann:

$$E_{\text{Spann}} = \frac{1}{2} D \cdot s^2 = \frac{1}{2} \cdot 100\ \frac{\text{N}}{\text{m}} \cdot (0{,}05\ \text{m})^2 = 0{,}125\ \text{Nm} = 0{,}125\ \text{J}.$$

Weitere Werte sind in der Tabelle rechts zu finden.
b) Für die gespeicherte Spannenergie gilt:

$$E_{\text{Spann}} = \frac{1}{2} D \cdot s^2 = \frac{1}{2} \cdot F \cdot s \quad \text{mit } F = D \cdot s.$$

Die Spannenergie ist also die Fläche unter dem Graphen des s-F-Diagramms.

s in m	*F* in N	E_{Spann} in J
0	0	0
0,01	1	0,005
0,02	2	0,02
0,03	3	0,045
0,04	4	0,08
0,05	5	0,0125
0,06	6	0,18
0,07	7	0,245
0,08	8	0,32
0,09	9	0,405
0,10	10	0,5

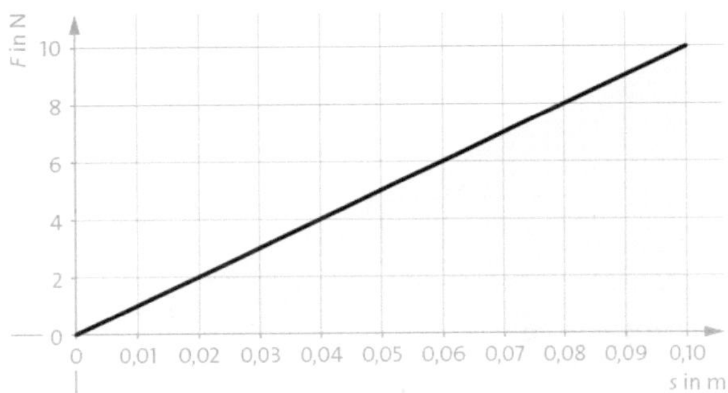

1 Gasgesetze

Die absolute Temperatur

Seite 171

1 Gib den Siedepunkt des Wassers und die normale Körpertemperatur des Menschen auf der Kelvin-Skala an.
T(in K) = ϑ (in °C) + 273,15, also
Siedepunkt des Wassers: 373 K.
Körpertemperatur des Menschen: 310 K.

2 Ein halber Liter Luft wird bei 20 °C in einen Kolben eingeschlossen. Der Druck soll von 100 kPa auf 200 kPa erhöht werden. Gib die Temperatur in K und in °C an, auf die das Gas dazu erhitzt werden muss.
Gegeben: $T_1 = 293$ K, p wird verdoppelt
Gesucht: Temperatur T_2
Wegen $p \sim T$ bei konstantem Volumen gilt: Wenn der Druck verdoppelt werden soll, muss auch die Temperatur verdoppelt werden. Das Ergebnis ist jedoch nicht 40 °C, da man mit der absoluten Temperatur rechnen muss:
$T_2 = 2 \cdot T_1 = 2 \cdot 293\ \text{K} = 586\ \text{K}$.
Das sind 313 °C.

Seite 173 (Material)

Material A – Druck im Autoreifen

A1 Der Druck in einem Autoreifen (▹Bild 03) beträgt nach Vorschrift 220 kPa über Luftdruck, also insgesamt 320 kPa. Angenommen, der Reifen wird in der Garage bei 20 °C ordnungsgemäß aufgepumpt. Das Auto steht nun bei –10 °C im Freien. Berechne, welcher Reifendruck nun im Reifen herrscht, wenn sich das Volumen in guter Näherung nicht verändert.
Gegeben: $p_1 = 3{,}2 \cdot 10^5$ Pa bei $T_1 = 293$ K,
$T_2 = 263$ K, V bleibt konstant
Gesucht: Druck p_2 bei T_2
p und T sind proportional, also gilt:

$$\frac{p_2}{p_1} = \frac{T_2}{T_1}, \text{ also}$$

$$p_2 = p_1 \cdot \frac{T_2}{T_1} = 3{,}2 \cdot 10^5\ \text{Pa} \cdot \frac{263\ \text{K}}{293\ \text{K}} = 2{,}9 \cdot 10^5\ \text{Pa}.$$

Der Druck gegenüber Luftdruck ist von 2,2 bar auf 1,9 bar abgesunken.

A2 Während der Fahrt wird der Reifen durchgewalkt (durchgeknetet). Dadurch erhöht sich die Temperatur des Reifens und der Luft darin. Der Reifendruck wächst von 220 kPa bei 20 °C auf 250 kPa.
a) Berechne die Temperatur der Luft im Reifen.
b) Gib an, auf welchen Wert die Temperatur steigen müsste, damit sich der Druck verdoppelt.

a) Gegeben: Druck im Reifen absolut $p_1 = 3{,}2 \cdot 10^5$ Pa bei einer Temperatur $T_1 = 293$ K, Druck im Reifen $p_2 = 3{,}5 \cdot 10^5$ Pa bei einer Temperatur T_2
Gesucht: T_2
p und T sind proportional, also gilt:

$$\frac{p_2}{p_1} = \frac{T_2}{T_1}, \text{ also}$$

$$T_2 = T_1 \cdot \frac{p_2}{p_1} = 293 \text{ K} \cdot \frac{350\,000 \text{ Pa}}{320\,000 \text{ Pa}} = 320 \text{ K}.$$

Die Temperatur hat sich auf 47 °C erhöht.
b) Damit sich der Druck verdoppelt, müsste sich auch die Temperatur verdoppeln:
$T_2 = 586 \text{ K} = 313$ °C.

Material B – Heißes Gas im Verbrennungsmotor

B1 Gib an, um welchen Faktor sich die Temperatur ungefähr erhöht. Schätze damit ab, welcher Druck im Gas unmittelbar nach der Verbrennung herrscht.
Die Temperatur erhöht sich etwa um den Faktor 2073 K/293 K = 7. Damit erhöht sich der Druck auch etwa um diesen Faktor. Er beträgt dann also 700 kPa.

B2 Begründe im Teilchenmodell, warum das Gas bei höherer Temperatur eine größere Kraft auf den Kolben ausübt.
Bei höherer Temperatur ist die Geschwindigkeit der Teilchen größer. Bei jedem Stoß üben die schnellen Teilchen eine größere Kraft auf den Kolben aus als die langsamen. Außerdem prasseln die Teilchen in kürzeren Zeitabständen auf den Kolben als bei niedriger Temperatur. Dies führt insgesamt zu einer größeren Kraft auf den Kolben.

B3 Nach der Verbrennung ist die Zahl der Gasteilchen um etwa 1/4 größer als vorher. Schließe mithilfe des Teilchenmodells, wie sich diese Tatsache auf den Druck im Gas auswirkt.
Wenn mehr Teilchen stoßen, dann ist die Kraft, die das Gas auf eine Begrenzungsfläche ausübt, größer. Also ist auch der Druck größer.

Material C – Extrapolation von Messwerten

C1 Im ▹Bild 05 sind drei Messwerte für die Stromstärke für eine Glühlampe bei kleinen Spannungen aufgetragen.
a) Gib an, welchen Zusammenhang zwischen der Spannung U und der Stromstärke I man auch außerhalb des untersuchten Bereichs vermuten könnte. Skizziere den Zusammenhang in einem U-I-Diagramm.
b) Für größere Spannungen erwärmt sich der Glühdraht der Glühlampe. Beschreibe, wie sich dies auf die Stromstärke bei größeren Spannungen auswirkt. Skizziere das zugehörige U-I-Diagramm.
a) Man könnte vermuten, dass I und U zueinander proportional sind (siehe gepunktete Kurve in der Abbildung).
b) Der Widerstand des Glühdrahts steigt, deshalb ist bei gleicher Spannung U die Stromstärke I kleiner als bei einem proportionalen Zusammenhang (siehe strichpunktierte Linie in der Abbildung).

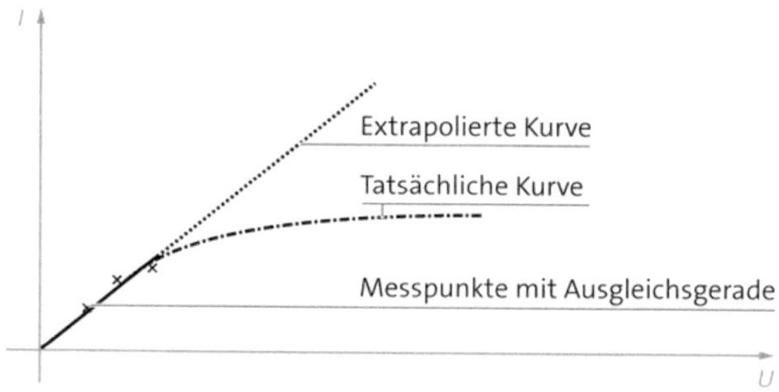

C2 Begründe, bei welchen der folgenden Beispiele eine Extrapolation sinnvoll ist. Notiere sinnvolle Wertepaare und zeichne jeweils ein Diagramm.
a) Gewicht eines Kindes in Abhängigkeit vom Alter.
b) Handykosten in Abhängigkeit von der Gesprächsdauer.
a) Hier ist eine Extrapolation nicht sinnvoll.

Alter in Jahren	1	2	4	6	8	10	12	14	16
Masse in kg	10	12	16	20	25	32	40	52	62

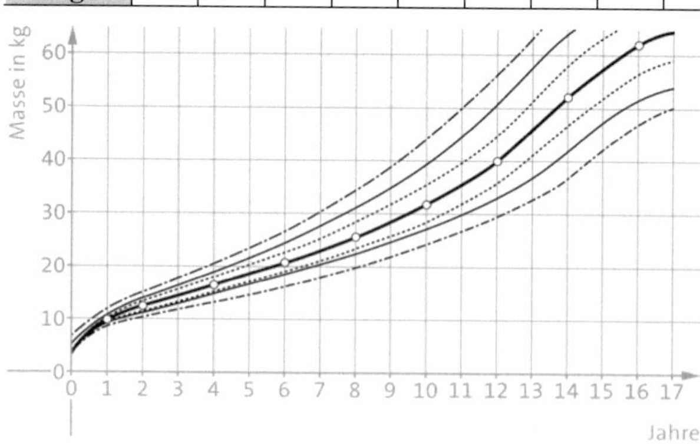

b) Hier ist eine Extrapolation sinnvoll.

Dauer in min	0	60	120	180	240	300
Handy-kosten in €	5	8	11	14	17	20

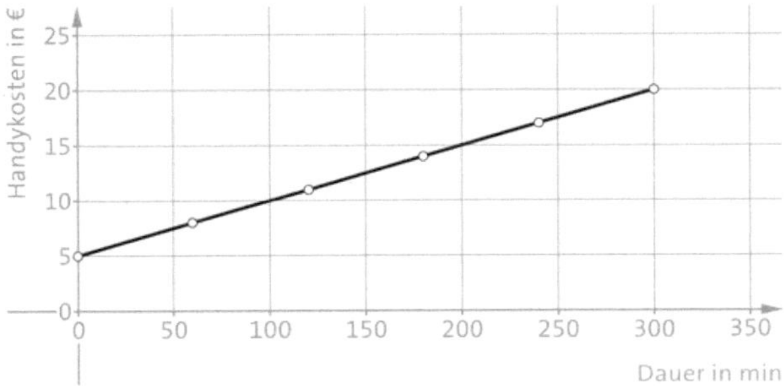

Das allgemeine Gasgesetz

Seite 175

1 1,0 ℓ Luft habe bei 20 °C den Druck 100 kPa. Die Temperatur der Luft wird auf 100 °C und der Druck wird auf 200 kPa erhöht. Berechne das Volumen.

Gegeben: Druck $p_1 = 1{,}00 \cdot 10^5$ Pa und Volumen $V_1 = 1{,}0$ l bei der Temperatur $T_1 = 293$ K, Druck $p_2 = 2{,}00 \cdot 10^5$ Pa bei der Temperatur $T_2 = 373$ K

Gesucht: Volumen V_2 bei T_2 und p_2

Nach dem Gestz von GAY-LUSSAC:

$\frac{V_1}{T_1} = \frac{V_2}{T_2}$ für konstanten Druck, also

$V_2 = V_1 \cdot \frac{T_2}{T_1} = 1\ \text{l} \cdot \frac{373\ \text{K}}{293\ \text{K}} = 1{,}273\ \text{l}.$

Nach dem Gestz von BOYLE und MARIOTTE gilt für konstante Temperatur:

$p_1 \cdot V_1 = p_2 \cdot V_2$, also

$V_2 = V_1 \cdot \frac{p_1}{p_2} = 1{,}273\ \text{l} \cdot \frac{100\ \text{kPa}}{200\ \text{kPa}} = 0{,}637\ \text{l}.$

Das Volumen der Luft beträgt am Ende des Vorgangs 0,637 l.

Seite 176

1 Du pustest einen Luftballon auf. Beschreibe, welche Größen sich dabei ändern und welche Größe dabei nahezu konstant bleibt.

Da beim Aufpusten das Gummi des Luftballons gedehnt wird, nehmen das Volumen und der Druck der Luft im Ballon zu. Die Temperatur der Luft im Ballon ändert sich nur relatv wenig.

2 Du verschließt auf einem Berg eine leere Kunststoffflasche. Nach einer Talfahrt ist sie eingedellt. Erkläre diesen Vorgang.

Auf einem Berggipfel herrscht ein niedrigerer Druck als im Tal. Wenn man auf dem Gipfel eine leere Plastikflasche verschließt, dann steht die in der Flasche eingeschlossene Luft unter diesem Druck. Wandert man dann mit der verschlossenen Flasche talwärts, dann entsteht ein zunehmender Druckunterschied zwischen dem Flascheninneren und dem äußeren Luftdruck, der schließlich die Flasche eindrückt.

3 a) In eine 2 ℓ-Druckluftflasche werden 500 ℓ Luft gefüllt. Berechne den Druck in der Flasche.
b) Diese Flasche wird bei einer Temperatur von 35 °C gefüllt. Berechne den Druck in der Flasche bei einer Temperatur von 5 °C.

a) Gegeben: $V_1 = 500$ l, $p_1 = 100$ kPa, $V_2 = 2$ l

Gesucht: p_2

Nach dem Gesetz von BOYLE und MARIOTTE gilt:

$p_1 \cdot V_1 = p_2 \cdot V_2$, also ist

$p_2 = p_1 \cdot \frac{V_1}{V_2} = 100\ \text{kPa} \cdot \frac{500\ \text{l}}{2\ \text{l}} = 25\,000\ \text{kPa}.$

b) Zusätzlich gegeben: $T_1 = 35\ °\text{C} = 308$ K, $T_2 = 5\ °\text{C} = 278$ K

Gesucht: p_2

Nach dem allgemeinen Gasgesetz gilt:

$\frac{p_1 \cdot V_1}{T_1} = \frac{p_2 \cdot V_2}{T_2}$, also ist

$p_2 = p_1 \cdot \frac{V_1}{V_2} \cdot \frac{T_2}{T_1} = 100\ \text{kPa} \cdot \frac{500\ \text{l}}{2\ \text{l}} \cdot \frac{278\ \text{K}}{308\ \text{K}}$

$= 22\,565$ kPa.

Seite 177 (Material)

Versuche – Wie viel wiegt Luft?

a) –

b) –

c) Der Auftrieb des Ballons wird bestimmt von der Schwerkraft auf die verdrängte Luftmenge. Die Schwerkraft auf die Luftmenge im Ballon ist etwas größer als die Auftriebskraft, weil der Druck im Balloninnern etwas höher ist als außen.

Material A – Luft unter hohem und niedrigem Druck

A1 Je weiter ein Taucher hinabtaucht, desto mehr wächst der ihn umgebende Wasserdruck. Das ausgeatmete Luftvolumen beträgt etwa einen Liter. Diese Luft steigt in Form von Luft blasen an die Oberfläche (▷Bild 04).
a) Die Tauchtiefe soll 20 m betragen. Zeichne ein Diagramm, das den Zusammenhang zwischen Volumen der Luftblasen und Wassertiefe zeigt.
b) Erkläre, wieso der Taucher stirbt, wenn er in 20 m Tiefe einatmet und mit angehaltener Luft auftaucht.

a)

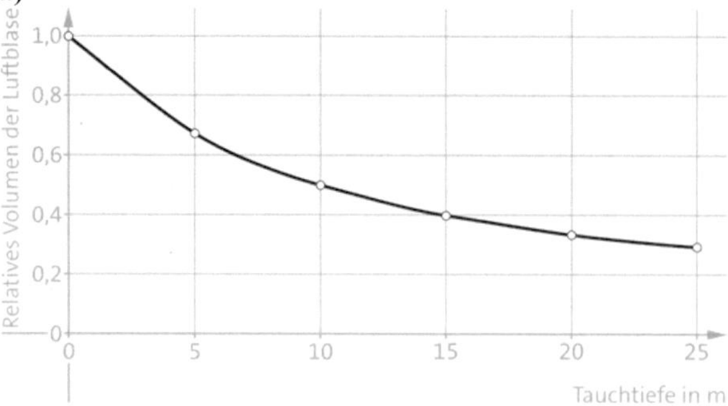

b) Der Druck auf die Luft in der Lunge nimmt beim Auftauchen von 300 kPa auf 100 kPa ab. Dadurch dehnt sich das Volumen der Luft stark aus und zerstört die Lungenbläschen.

A2 Doppelglasfenster enthalten ein Gas zwischen den Scheiben. Erkläre, warum die Scheiben bei den meisten Temperaturen nicht genau parallel zueinander verlaufen. Mache für verschiedene Temperaturen eine Skizze.

Bei hoher Temperatur steigt der Druck zwischen den Scheiben, die Scheiben werden auseinandergedrückt. Bei niedrigen Temperaturen ist es umgekehrt.

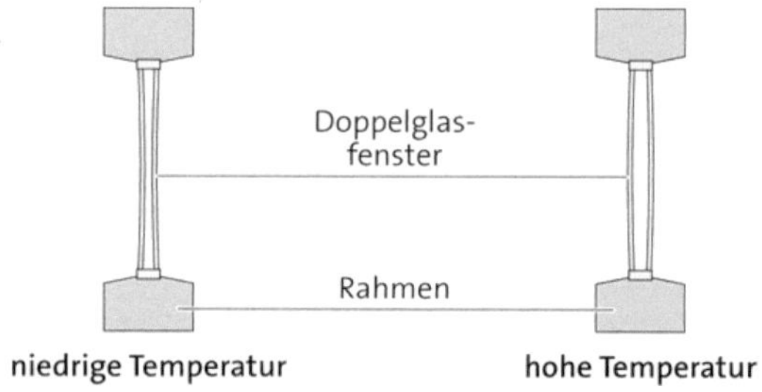

A3 a) Verkehrsflugzeuge saugen in 10 000 m Höhe frische Luft für die Passagiere an. Berechne, um welchen Faktor der Luftdruck dabei erhöht werden muss.

b) Begründe, warum die Luft dabei nicht geheizt werden muss.

a) Der Luftdruck beträgt in 10 000 m Höhe nur 25 kPa, in der Kabine jedoch etwa 100 kPa. Der Druck muss also um den Faktor 4 erhöht werden.

b) Der Luftdruck wird erhöht, Volumen und Temperatur stellen sich so ein, dass gleichzeitig das Volumen abnimmt und die Temperatur so zunimmt, dass ein Heizen nicht notwendig ist.

Material B – Aufstieg mit dem Heliumballon

B1 a) Erkläre, warum sich der Ballon im Lauf des Aufstiegs immer mehr aufblähte.

b) In 40 000 m Höhe beträgt die Temperatur etwa –70 °C. Schätze ab, um welchen Faktor sich das Volumen des Ballons vervielfacht hat.

c) Beschreibe, wie sich Auftriebskraft und Schwerkraft auf den Ballon während des Aufstiegs verändern.

a) Mit wachsender Höhe nimmt der Druck auf das Helium ab. Wenn die Temperatur dabei nicht zu sehr absinkt (siehe Teilaufgabe b), nimmt das Volumen des Ballons zu.

b) Der Druck beträgt während des Ballonaufstiegs etwa 90 kPa. In 40 km Höhe beträgt er nur 0,5 kPa, also etwa 1/180.

Aufgrund der Temperaturerniedrigung wird das Volumen um den Faktor 203/293 verringert. Insgesamt ändert sich das Volumen also um den Faktor $180 \cdot 203/293 = 125$.

c) Schwerkraft:

Solange aus dem Ballon kein Helium entweicht, bleibt die Schwerkraft näherungsweise gleich, weil der Ortsfaktor auch in 40 km Höhe nur unwesentlich kleiner ist als auf der Erdoberfläche.

Auftriebskraft: Zwar wächst das Volumen des Ballons, doch auch die Dichte des umgebenden Gases verringert sich stark. Beide Effekte heben sich einigermaßen auf. Das Volumen wächst um den Faktor 125. Gleichzeitig sinkt die Dichte der umgebenden Luft um den Faktor 180.

Die Auftriebskraft verringert sich also etwa um den Faktor $125/180 = 0{,}69$.

2 Kreisprozesse

Energie und Druck

Seite 179

1 a) Mit einer Luftpumpe komprimieren wir Luft. Dabei üben wir entlang einer Strecke von 0,4 m eine mittlere Kraft von 100 N aus. Berechne die übertragene Energie.
b) Die Pumpe aus a) hat einen Kolben mit 5 cm² Fläche. Berechne mit F = 100 N den Druck und damit die übertragene Energie.

a) Gegeben: $\Delta s = 0{,}4$ m, $F = 100$ N
Gesucht: übertragene Energie ΔE
Es gilt: $\Delta E = F \cdot \Delta s$, also ist
$\Delta E = 100\ \text{N} \cdot 0{,}4\ \text{m} = 40\ \text{Nm} = 40\ \text{J}$.
b) Gegeben: Kolbenfläche $A = 5\ \text{cm}^2 = 0{,}0005\ \text{m}^2$
Gesucht: Druck p
Aus A und Δs berechenen wir die Volumenänderung ΔV:
Der mittlere Druck ist gegeben durch:
$p = \frac{F}{A} = \frac{100\ \text{N}}{0{,}0005\ \text{m}^2} = 200\ \text{kPa}$.
$\Delta V = A \cdot \Delta s = 0{,}0005\ \text{m}^2 \cdot 0{,}4\ \text{m} = 0{,}0002\ \text{m}^3$.
Die Energieänderung ist gegeben durch:
$\Delta E = p \cdot \Delta V = 200\ \text{kPa} \cdot 0{,}0002\ \text{m}^3 = 40\ \text{J}$.

Seite 180

1 Vergleiche das Pumpen bei der Rakete mit dem Aufpusten eines Luftballons bezüglich der Größen Volumen und Druck.

Beim Pumpen der Luft in die Rakete wird das Volumen stärker komprimiert als beim Aufpusten eines Luftballons, da sich die PET- Flasche nicht wie der Luftballon ausdehnt. Dadurch steigt der Druck schneller an.

2 a) Bestimme die übertragenen Energiemengen bei der zweiten und der vorletzten Volumenänderung im ▹Bild 01.
b) Begründe, warum die Werte nicht gleich groß sind.

a) Zweite Volumenänderung:
$\Delta E = \overline{p} \cdot \Delta V = 18\ \text{kPa} \cdot 0{,}5\ \text{l} = 9\ \text{J}$.
b) Vorletzte Volumenänderung:
$\Delta E = \overline{p} \cdot \Delta V = 192\ \text{kPa} \cdot 0{,}5\ \text{l} = 96\ \text{J}$.

3 Beschreibe die Zustandsänderung in der Rakete während des Pumpens mit dem Teilchenmodell.

Der Abstand zwischen den Teilchen der Luft wird immer geringer. Dadurch stoßen die Teilchen immer öfter gegeneinander und auch immer öfter gegen die Gefäßwand. Letzteres beschreibt die Zunahme des Drucks. Wenn die Temperatur sich nicht ändert, bleibt die Geschwindigkeit der Teilchen gleich.

Seite 181 (Material)

Material A – Druckluft

A1 Berechne, welches Volumen die Luft in der Flasche bei einem Druck von 100 kPa einnehmen würde.

Gegeben: $p_1 = 100$ kPa, $V_2 = 12$ l, $p_2 = 30\,000$ kPa
Gesucht: V_1
Nach dem Gesetz von BOYLE und MARIOTTE gilt:
$p_1 \cdot V_1 = p_2 \cdot V_2$, also ist
$V_1 = V_2 \cdot \frac{p_2}{p_1} = 12\ \text{l} \cdot \frac{30\,000\ \text{kPa}}{100\ \text{kPa}} = 3600\ \text{l}$.

A2 In der gepressten Luft ist Energie gespeichert. Berechne die in der Druckluft in der Flasche gespeicherte Energie.

Wir gehen wie im Buch auf Seite 149f. vor. Als ΔV nehmen wir einmal 250 l an. Wir erhalten dann folgende Werte:

V in l	p in kPa	$p_Ü$ in kPa	$\overline{p_0}$ in kPa	ΔE in J
3600	100	0	–	–
3350	107	7	4	933
3100	116	16	12	2949
2850	126	26	21	5306
2600	138	38	32	8097
2350	153	53	46	11 457
2100	171	71	62	15 578
1850	195	95	83	20 753
1600	225	125	110	27 449
1350	267	167	146	36 458
1100	327	227	197	49 242
850	424	324	275	68 850
600	600	500	412	102 941
350	1029	929	714	178 571
100	3600	3500	2214	553 571
12	30 000	29 900	16 700	1 469 600

Summiert man die Energiebeträge in der rechten Spalte auf, so erhält man als insgesamt gespeicherte Energie $\Delta E = 2\,551\,755\ \text{J} \approx 2552\ \text{kJ}$.

Wenn man der Einfachheit halber die Rechnung mit dem Mittelwert des Überdrucks $\overline{p_0} = (30\,000\ \text{kPa} - 100\ \text{kPa}) : 2 = 14\,950\ \text{kPa}$ und einer Volumenänderung von $\Delta V = 3600\ \text{l} - 12\ \text{l} = 3588\ \text{l}$ rechnet, dann ergibt sich:
$\Delta E = \overline{p_0} \cdot \Delta V = 14\,950\ \text{kPa} \cdot 3588\ \text{l}$
$= 53\,640\,600\ \text{J} = 53\,641\ \text{kJ}$.

Man sieht im Vergleich sofort, dass dieser Wert viel zu hoch ist. Auch der schrittweise errechnete Wert ist nur eine Näherung und liegt über dem tatsächlichen Wert.

A3 Bestimme die maximale Kraft, die der Kompressor beim Befüllen der Druckluftflasche aufbringen muss. Verluste sollen vernachlässigt werden.

Gegeben: Durchmesser des Befüllungsschlauchs: 22 mm = 0,022 m, maximaler Überdruck: 29 900 kPa

Gesucht: maximale Kraft

Aus dem Durchmesser des Schlauchs errechnet man die Querschnittsfläche: $A = 0{,}25 \cdot \pi \cdot d^2 = 3{,}8 \cdot 10^{-4}\ \text{m}^2$.

Die maximale Kraft ergibt sich aus dem maximalen Druck zu:

$$F_{max} = p_{max} \cdot A = 2{,}99 \cdot 10^7\ \text{Pa} \cdot 3{,}8 \cdot 10^{-4}\ \text{m}^2 = 11\,362\ \text{N}$$

Material B – Druckluftspeicher

B1 a) Der Druck in dem Speicher beträgt 7000 kPa. Berechne die in der Druckluft gespeicherte Energie. Gib das Ergebnis in kJ und kWh an.

b) Bewerte, ob die Einheiten kJ und kWh in diesem Zusammenhang sinnvoll sind.

a) Zunächst berechnen wir das Volumen der gespeicherten Luft unter Normaldruck von 100 kPa:

Im Speicher: $V_2 = 300\,000\ \text{m}^3$, $p_2 = 7000$ kPa.

Nach BOYLE und MARIOTTE gilt:

$$V_1 = V_2 \cdot \frac{p_2}{p_1} = 300\,000\ \text{m}^3 \cdot \frac{7000\ \text{kPa}}{100\ \text{kPa}} = 2{,}1 \cdot 10^7\ \text{m}^3.$$

Zur Energieberechnung gehen wir wieder schrittweise vor und betrachten die Kompression des Gases von V_1 zu V_2. Wir gehen in Schritten von z. B. $\Delta V = 1\,000\,000\ \text{m}^3$ vor. Die folgende Tabelle gibt die Werte an:

V in $10^5\ \text{m}^3$	p in kPa	$p_Ü$ in kPa	$\overline{p_0}$ in kPa	ΔE in 10^9 J
210	100	0	–	–
200	105	5	2,5	2,5
190	111	11	7,8	7,8
180	117	16	13,6	13,6
170	124	24	20,1	20,1
160	131	31	27,4	27,4
150	140	40	35,6	35,6
140	150	50	45,0	45,0
130	162	62	55,8	55,8
120	175	75	68,3	68,3
110	191	91	83,0	83,0
100	210	110	100,5	100,5
90	233	133	121,7	121,7
80	263	163	147,9	147,9
70	300	200	181,3	181,3
60	350	250	225,0	225,0
50	420	320	285,0	285,0
40	525	425	372,5	372,5
30	700	600	512,5	512,5
20	1050	950	775,0	775,0
10	2100	2000	1475,0	1475,0
3	7000	6900	4450,0	4450,0

Summiert man die Energiebeträge in der rechten Spalte auf, so erhält man als insgesamt gespeicherte Energie

$\Delta E = 9 \cdot 10^{12}\ \text{J} = 9 \cdot 10^9\ \text{kJ}$.

$\Delta E = 2{,}5 \cdot 10^6\ \text{kWh}$.

Dies ist auch nur ein genäherter Wert.

b) Bei dieser Energiemenge wäre die Angabe mit einem anderen Einheitenvorsatz sinnvoller, wie z. B. MWh oder GWh. So ist der Zahlenwert nicht so groß ist: 2,5 GWh.

B2 Es werden nur etwa 40% der Energie der Druckluft und des Erdgases in elektrische Energie umgewandelt. Ein Vier-Personen-Haushalt benötigt im Jahr durchschnittlich 4400 kWh. Berechne, wie viele Vier-Personen-Haushalte eine Stunde lang mit der elektrischen Energie aus der Druckluftspeicheranlage auskommen.

Berechnung der gesamten Energiemenge aus der Anlage: Die gesamte Energiemenge setzt sich aus der Energie der Druckluft und des Erdgases im Verhältnis 1 : 2 zusammen. Sie beträgt also:

$E = 2{,}5\ \text{GWh} \cdot 3 = 7{,}5\ \text{GWh}$.

Bei einem Wirkungsgad von 0,4 beträgt die elektrische Energiemenge damit:

$E_{el} = 7{,}5\ \text{GWh} \cdot 0{,}4 = 3\ \text{GWh}$.

Ein Vier-Personen-Haushalt benötigt in einer Stunde durchschnittlich $E_{el} = 4400$ kWh pro Jahr, pro Stunde also $E_{el} = 4400\ \text{kWh}/8760 = 0{,}502$ kWh pro Stunde.

Mit der Energie der Anlage können

$$\frac{3 \cdot 10^6\ \text{kWh}}{0{,}5\ \text{kWh}} = 6 \cdot 10^6,$$

also 6 Millionen Haushalte eine Stunde lang versorgt werden. Oder es könnten etwa 685 Haushalte ein Jahr mit elektrischer Energie versorgt werden.

B3 Informiere dich über Gaskraftwerke ohne Druckluftspeicher und beschreibe den Unterschied zu dem Kraftwerk in Huntorf.

Bei einem Gaskraftwerk ohne Druckluftspeicher wird das Gas ebenfalls unter Zugabe von Druckluft verbrannt. Dazu muss die Luft erst komprimiert werden. Die dafür nötige Energie wird durch die Verbrennung des Gases erzeugt. Gaskraftwerke mit Druckluftspeicher müssen demnach nicht zusätzlich einen Kompressor antreiben, und können mit derselben Gasmenge mehr elektrische Energie in das Leitungsnetz einspeisen.

Der Stirlingmotor

Seite 184

1 Ein Stirlingmotor arbeitet zwischen zwei Wärmereservoirs, einem mit hoher und einem mit niedriger Temperatur. Die Temperatur a) des heißen, b) des kalten Reservoirs wird erhöht. Erläutere mithilfe des *V-p*-Diagramms, welche Auswirkung das auf die nutzbare Energie hat.

a) Wenn die Temperatur des heißen Reservoirs erhöht wir, dann steigt im ersten Schritt der Druck stärker. Damit beginnt die obere Hyperbel bei einem höheren Druck und die Fläche unterhalb dieser Hyperbel wird größer, nicht aber die Fläche unterhalb der unteren Hyperbel. Damit ist die vom Motor abgegebene mechanische Energie größer, die aufgenommene mechanische Energie bleibt gleich. Somit ist die nutzbare Energie größer.

b) Wenn die Temperatur des kalten Reservoirs erhöht wir, dann sinkt im dritten Schritt der Druck nicht so stark. Damit beginnt die untere Hyperbel, von rechts nach links, bei einem höheren Druck. Die Fläche unterhalb dieser Hyperbel wird größer, nicht aber die Fläche unterhalb der oberen Hyperbel. Damit ist die vom Motor abgegebene mechanische Energie gleich geblieben, die aufgenommene mechanische Energie ist größer. Somit ist die nutzbare Energie kleiner.

Seite 185 (Material)

Material A – HERON VON ALEXANDRIA

A1 Beschreibe die Funktionsweise des Türöffners. Gehe dabei auf die Zustandsänderung des Gases in dem runden Wasserreservoir ein, wenn das Feuer entfacht wird bzw. wenn das Feuer erlischt.

Wenn das Feuer entfacht wird, dann steigt die Temperatur des Gases über dem runden Wasserreservoir. Das Volumen und der Druck des Gases nehmen zu. Dadurch wird das Wasser in den hängenden Behälter gedrückt. Die Masse des hängenden Behälters steigt. Die Schwerkraft auf den Behälter nimmt zu, wodurch die Mechanik des Türöffners über die Seile und Rollen in Gang gesetzt wird.

Wenn das Feuer erlischt, dann sinkt die Temperatur des Gases und damit nehmen das Volumen und der Druck ab. Die Masse des hängenden Behälters nimmt ab und damit auch die Schwerkraft auf ihn. Der Türöffner wird entgegengesetzt in Gang gesetzt.

A2 a) Stelle das Öffnen und Schließen der Türen in folgenden vier idealisierten Schritten in einem *V-p*-Diagramm dar.

- **Die Flamme brennt, aber das Wasser wird am Fließen gehindert.**
- **Die Flamme brennt weiterhin und das Wasser fließt.**
- **Die Flamme erlischt und das Wasser wird am Fließen gehindert.**
- **Die Flamme ist weiterhin erloschen und das Wasser fließt.**

b) Gib für jeden Schritt an, ob das Gas thermische bzw. mechanische Energie aufnimmt oder abgibt.

a) Das *V-p*-Diagramm sieht etwa so aus wie das Bild 01 auf Seite 184 im Schulbuch.

b) Schritt 1: thermische Energie wird aufgenommen.
Schritt 2: thermische Energie wird aufgenommen und mechanische Energie wird abgegeben.
Schritt 3: thermische Energie wird abgegeben
Schritt 4: thermische Energie wird abgegeben und mechanische Energie wird aufgenommen.

Material B – Die Dampfmaschine

B1 Bringe die vier Bilder in die richtige Reihenfolge (▹Bild 03A–D).

Die richtige Reihenfolge ist D-A-C-B.

B2 Stelle für die vier Bilder dar, ob thermische bzw. mechanische Energie aufgenommen oder abgegeben wird.

D: thermische Energie wird aufgenommen.
A: thermische und mechanische Energie wird aufgenommen.
C: thermische Energie wird abgegeben.
B: thermische und mechanische Energie wird abgegeben.

B3 Informiere dich, warum diese Maschine nicht so oft eingesetzt wurde, wie die WATT'sche Dampfmaschine.

Bei der Dampfmaschine von NEWCOMEN finden die Temperaturänderungen im Zylinder statt. So muss der Zylinder ebenfalls der Temperaturänderung unterliegen. Bei der weiterentwickelten Dampfmaschine nach WATT werden beide Bereiche des Zylinders genutzt. Das bedeutet, dass in einem großen Teil des Zylinders die Temperaturänderung gering ist. Die Kondensation findet außerhalb des Zylinders statt. Außerdem wird der Kolben nicht nur durch den Luftdruck bewegt, sondern das Gas hat einen, wenn auch nur geringen Überdruck. Deshalb wird nicht wie bei der Dampfmaschine von NEWCOMEN nur dann Energie nutzbar, wenn der umgebende Luftdruck den Kolben bewegt, sondern es wird sowohl durch den Luftdruck, als auch durch den Druck des Wasserdampfes Energie nutzbar. Deshalb ist die Dampfmaschine nach WATT effektiver und wurde häufiger eingesetzt.

Der thermodynamische Wirkungsgrad

Seite 187

1 Berechne η_{ideal} für einen Heißluftmotor, der zwischen 900 °C und 30 °C arbeitet.

Gegeben: hohe Temperatur 900 °C, d. h. $T_1 = 1173$ K, niedrige Temperatur 30 °C, d. h. $T_2 = 303$ K

Gesucht: größtmöglicher Wirkungsgrad η_{ideal}

$$\eta_{ideal} = 1 - \frac{T_2}{T_1} = 1 - \frac{303\text{ K}}{1173\text{ K}} = 0{,}74 \text{ bzw. } 74\%$$

Seite 189 Material)

Material A – Thermische Maschninen und Wirkungsgrad

A1 Gib an, welcher von selbst ablaufende irreversible Vorgang zum Antrieb thermischer Maschinen genutzt wird. Begründe, warum eine solche Maschine einen Teil der thermisch zugeführten Energie als „Abwärme" abgeben muss.

Zum Antrieb einer thermischen Maschine wird der von selbst ablaufende irreversible Vorgang der thermischen Energieübertragung von einem heißen zu einem kalten System genutzt bzw. der Temperaturausgleich zwischen heißem und kaltem System.

Begründung: Bei der thermischen Energieübertragung muss selbstverständlich Energie an das kalte System abgegeben werden, sonst wäre es keine thermische Energieübertragung. Außerdem: Wenn die Maschine Energie thermisch aufnehmen, aber niemals thermisch abgeben würde, dann würde die Maschine immer heißer werden. Sie muss also Energie auch thermisch abgeben. Diese nennt man Abwärme.

Hinweis: Durch Aufnahme thermischer Energie nimmt die Entropie der Maschine zu. Durch Abgabe von mechanischer Energie nimmt die Entropie nicht wieder ab. Damit die Entropie aber nicht ständig zunimmt, muss die Maschine Energie thermisch abgeben.

A2 In Kohle- und Kernkraftwerken treibt heißer Dampf die Dampfturbinen an. Vor dem Einlass in die Turbine hat der Dampf eine Temperatur von ca. 550 °C. Nach Verlassen der Turbine kondensiert der Dampf. Die Temperatur des Wassers beträgt ca. 50 °C.

a) Berechne den theoretisch größtmöglichen Wirkungsgrad η_{ideal}.

b) Der tatsächliche Wirkungsgrad einer Dampfturbine beträgt ca. 45%. Berechne, welcher Bruchteil von η_{ideal} das ist.

a) Für den theoretisch größtmöglichen Wirkungsgrad sind Einlass- und Auslasstemperatur der Dampfturbine entscheidend. Die Einlasstemperatur beträgt 550 °C, d. h. $T_1 = 823$ K, die Auslasstemperatur ist bestenfalls 100 °C, d. h. $T_2 = 373$ K. Also gilt für den theoretisch größtmöglichen Wirkungsgrad:

$$\eta_{ideal} = 1 - \frac{T_2}{T_1} = 1 - \frac{373\text{ K}}{823\text{ K}} = 0{,}55 = 55\%.$$

b) Der Bruchteil des tatsächlichen Wirkungsgrads (45%) am theoretisch größtmöglichen Wirkungsgrad (55%) beträgt:

45% : 55% = 0,82 = 82%.

Die Dampfturbine nutzt 82% des theoretisch nutzbaren Anteils an thermisch zugeführter Energie aus.

Material B – Wirkungsgrade

B1 a) Bei einigen Energiewandlern in der ▹Tabelle links, ist der Wirkungsgrad sehr klein. Erläutere, woran das liegt.

b) Gib an, welche Energiewandler auf Basis zweier unterschiedlicher Temperaturen arbeiten.

c) Bei einem Dieselmotor werden in den Zylindern Temperaturen von 900 °C erreicht. Die Abgase ver lassen den Auspuff mit 70 °C. Berechne den idealen Wirkungsgrad. Bewerte.

a) Bei einigen Energiewandlern ist der Wirkungsgrad sehr klein, da nicht nur die gewünschte Energieumwandlung stattfindet. So wird zum Beispiel bei der Glühlampe die elektrische Energie nicht nur in Lichtenergie, sondern auch in thermische Energie umgewandelt. Der Anteil thermischer Energie, der in diesem Fall gar nicht gewünscht ist, ist sehr groß. Aus diesem Grund gibt es Energiesparlampen, da bei diesen dieser Effekt nicht so groß ist wie bei herkömmlichen Glühlampen.

b) Ottomotor, Dieselmotor, Dampfkraftwerk

c) Gegeben: hohe Temperatur: 900 °C, d. h. $T_1 = 1173$ K, niedrige Temperatur: 70 °C, d. h. $T_2 = 343$ K

Gesucht: größtmöglicher Wirkungsgrad η_{ideal}

$$\eta_{ideal} = 1 - \frac{T_2}{T_1} = 1 - \frac{343\text{ K}}{1173\text{ K}} = 0{,}71 = 71\%.$$

Mit 71% liegt dieser Wirkungsgrad deutlich über dem mit 50% angegebenen Wirkungsgrad in der Tabelle. Verluste treten z. B. durch Reibung und thermische Energieabgabe an die Umgebung etwa durch Kühlung auf.

Material C – Verbrennungsmotoren

C1 Erkläre den prinzipiellen Unterschied zwischen Verbrennungs- und Heißluftmotor. Welche Bauteile sind grundsätzlich gleich? Welche Takte entsprechen sich im Prinzip?

Beim Verbrennungsmotor erfolgt die Verbrennung explosionsartig und im Innern des Zylinders. Dagegen erfolgt beim Heißluftmotor das Erhitzen kontinuierlich und von außen.

Grundsätzlich gleiche Bauteile sind Zylinder und Kolben. Der 3. Takt des Benzinmotos entspricht dem 1. Takt des Heißluftmotors, da in beiden Fällen das Gas im Zylinder expandiert und mechanisch Energie abgibt.

C2 Vergleiche die Merkmale des Verbrennungs- mit denen des Heißluftmotors. Beschreibe die Vor- und Nachteile von Verbrennungsmotoren gegenüber Heißluftmotoren.

Die Leistung des Verbrennungsmotors kann im Gegensatz zum Heißluftmotor schnell geändert werden. Der Verbrennungsmotor ist relativ leicht. Er benötigt spezielle Brennstoffe. Die Abgase enthalten CO_2 und andere schädliche Stoffe.

Vorteile: leicht, schnelle Leistungsanpassung

Nachteile: spezielle Brennstoffe, Abgase

3 Energie wird entwertet

Energie und irreversible Vorgänge

Seite 191

1 Beschreibe drei Vorgänge aus dem Alltag, bei denen Energie irreversibel übertragen oder umgewandelt wird.

Wenn eine Tasse Tee sich abkühlt, wird Energie irreversibel vom heißen Tee auf die kalte Umgebung übertragen.

Beim Erwärmen von Wasser im Wasserkocher wird elektrische Energie irreversibel in innere Energie des Wassers umgewandelt.

Beim Bohren wird mechanische Energie irreversibel in innere Energie des Bohrers und des Werkstücks umgewandelt.

Beim Verbrennen einer Kerze wird chemische Energie irreversibel in thermische Energie umgewandelt.

Seite 192

1 Kraftwerke nutzen irreversible Vorgänge. Erläutere anhand von drei Beispielen.

Wasser fließt von selbst bergab. Mit diesem irreversiblen Vorgang kann ein Wasserkraftwerk angetrieben werden.

Luft strömt von selbst vom Hochdruckgebiet zum Tiefdruckgebiet. Mit diesem irreversiblen Vorgang kann eine Windenergieanlage angetrieben werden.

Die thermische Energie der Erde strömt von selbst aus dem heißen Erdinneren zur kalten Erdoberfläche. Mit diesem irreversiblen Vorgang kann ein Geothermiekraftwerk angetrieben werden.

Seite 193 (Material)

Versuche – Thermoelement als Generator und als Wärmepumpe

V1 Thermoelement als Generator

a) –

b) Um den Propeller schneller laufen zu lassen, kann man das heiße Wasser noch heißer oder das kalte Wasser noch kälter machen.

c) Der irreversible Vorgang des Temperaturausgleichs zwischen dem heißen und dem kalten Wasser treibt das Thermoelement als Generator an.

d)

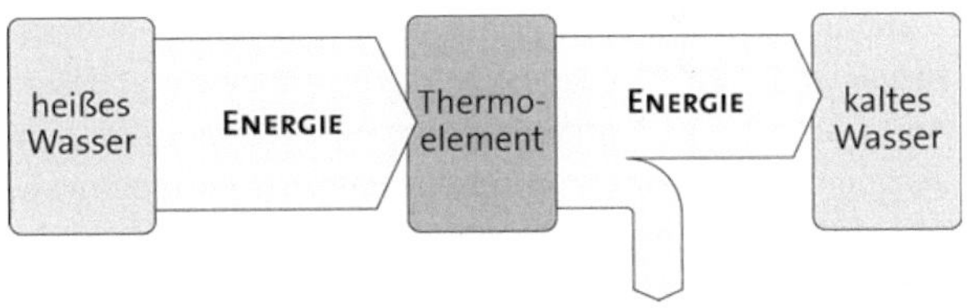

V2 Thermoelement als Wärmepumpe

a) –

b) Ein Tonnenfuß wird wärmer, der andere wird kälter.

c) Der irreversible Vorgang des Potenzialausgleichs zwischen dem Pluspol und dem Minuspol des Akkus treibt das Thermoelement als Generator an.

d)

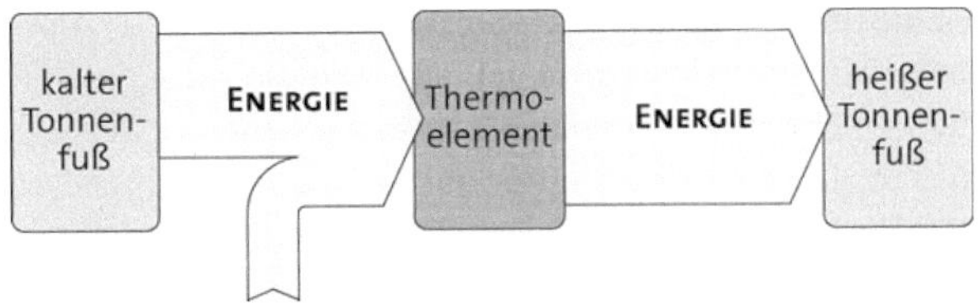

Material A – Irreversibel?

A1 Beschreibe folgende Vorgänge mithilfe der Energie. Begründe, warum die Vorgänge irreversibel sind.
a) Eine Tasse heißen Kaffees kühlt sich ab.
b) Ein Stein fällt auf den Boden.
c) Ein Glas kalte Limonade erwärmt sich.
d) Ein Pendel schwingt hin und her.
e) Ein Radfahrer bremst aus voller Fahrt.
f) Eine Glühlampe wird an einen Akku angeschlossen.
g) Ein Motor wird an einen Akku angeschlossen und hebt eine Last an.

a) Der heiße Kaffee gibt Energie thermisch an die Umgebung ab. Der Vorgang ist irreversibel, da die Energie niemals von selbst von der kalten Umgebung zum heißen Kaffee gelangt.

b) Bewegungsenergie wird in innere Energie von Stein und Boden umgewandelt. Der Vorgang ist irreversibel, da die innere Energie niemals wieder in Bewegungsenergie umgewandelt wird.

c) Die Umgebung gibt Energie thermisch an die kalte Limonade ab. Der Vorgang ist irreversibel, da die Energie niemals von selbst von der kalten Limonade zur wärmeren Umgebung gelangt.

d) Beim Pendel wandeln sich ständig Höhen- und Bewegungsenergie ineinander um. Allerdings wird aufgrund von Reibung und Luftwiderstand ständig ein Teil der Bewegungsenergie in innere Energie von Haken, Faden, Luft usw. umgewandelt, sodass das Pendel irgendwann zur Ruhe kommt. Der Vorgang ist irreversibel, da die innere Energie niemals wieder in Bewegungsenergie umgewandelt wird.

e) Beim Bremsen wird die Bewegungsenergie des Radfahrers in innere Energie von Bremsklötzen und Felge umgewandelt. Der Vorgang ist irreversibel, da die innere Energie niemals wieder in Bewegungsenergie umgewandelt wird.

f) In der Glühlampe wird elektrische Energie in innere Energie des Glühdrahts umgewandelt. Der Vorgang ist irreversibel, da die innere Energie niemals wieder in elektrische Energie umgewandelt wird.

g) Im Motor wird elektrische Energie in mechanische Energie umgewandelt. Damit wird eine Last angehoben. Die Energie ist dann zumindest teilweise als Höhenenergie gespeichert. Aufgrund von elektrischem Widerstand und mechanischer Reibung wird aber ein Teil der Energie des Akkus in innere Energie umgewandelt. Der Vorgang ist irreversibel, da die innere Energie niemals wieder in elektrische Energie umgewandelt wird.

A2 Einige der Vorgänge aus A1 können näherungsweise als reversibel betrachtet werden. Gib an, welche Vorgänge das sind und unter welchen Annahmen sie reversibel sind.

Die Vorgänge d) (Pendel) und g) (Motor) sind näherungsweise reversibel. d) ist reversibel unter der Annahme, dass Reibung und Luftwiderstand nicht vorhanden sind. g) ist reversibel, wenn man zusätzlich annimmt, dass es keinen elektrischen Widerstand gibt.

Material B – Trinkvogel

B1 a) Bringe in die richtige Reihenfolge: flüssiger Ether steigt im Rohr auf – das Wasser im Stoff um den Kopf verdunstet – der Vogel kippt und taucht seinen Schnabel in das Wasser – im Kopf kondensiert gasförmiger Ether – der Kopf kühlt sich ab – der Druck im Kopf sinkt.
b) Der Trinkvogel scheint sich von selbst ununterbrochen zu bewegen. Tatsächlich aber gibt es einen irreversiblen Vorgang, der den Vogel antreibt. Erkläre.

a) Der Vogel kippt und taucht seinen Schnabel in das Wasser – das Wasser im Stoff um den Kopf verdunstet – der Kopf kühlt sich ab – im Kopf kondensiert gasförmiger Ether – der Druck im Kopf sinkt – flüssiger Ether steigt im Rohr auf – der Vogel kippt ...

b) Der Vogel wird durch den irreversiblen Vorgang der Verdunstung von Wasser angetrieben.

Energieversorgung heute und morgen

Seite 195

1 Verbrennungskraftwerke haben einen relativ geringen Wirkungsgrad. Gib die wichtigsten Gründe an.

Die wichtigsten Gründe für den geringen Wirkungsgrad sind: Erstens muss die Turbine wie jede thermische Maschine Abwärme abgeben. Der Wirkungsgrad der Turbine ist umso größer, je größer der nutzbare Temperaturunterschied ist. Aus technischen Gründen kann der Temperaturunterschied aber nicht beliebig groß sein. Zweitens ist der Wirkungsgrad einer realen thermischen Maschine immer geringer als der theoretisch größtmögliche Wirkungsgrad, weil in der Maschine Verluste entstehen. Drittens benötigt das Kraftwerk selbst Energie zum Betrieb.

Seite 196

1 a) Windkraftanlagen können dem Wind nicht die gesamte Energie entnehmen. Begründe.
b) Gib die wesentlichen Vor- und Nachteile der Nutzung der Windenergie an.

a) Durch den Rotor wird die Luft gebremst. Dadurch weicht ein Teil der heranströmenden Luft dem Rotor aus. Diese Energie kann nicht genutzt werden. Außerdem kann die Energie der wegströmenden Luft nicht genutzt werden.

b) *Vorteile:* Winde stehen dauerhaft zur Verfügung. Windkraftanlagen benötigen zum Betrieb keine Rohstoffe und geben keine schädlichen Abgase ab.
Nachteile: Lärm, Schattenwurf, Schwankungen in der Windgeschwindigkeit.

Seite 199 (Material)

Material A – Kohlekraftwerk

A1 a) Berechne, wie viel Kohle das Kraftwerk pro Stunde benötigt.
b) Eine Tonne Steinkohle enthält ca. 30 GJ (Gigajoule) Energie. Berechne die stündlich zugeführte Energie.
c) Berechne die pro Stunde abgegebene Energie in kWh und in GJ.
d) Berechne aus b) und c) den Wirkungsgrad des Kraftwerks.

a) Pro Stunde benötigte Kohle:
720 000 t : 3000 h = 240 t/h.

b) Pro Stunde zugeführte Energie:
$\Delta E_{zu} = 240\ \text{t} \cdot 30\ \text{GJ/t} = 7200\ \text{GJ}$.

c) Pro Stunde abgegebene Energie:
Aus $P_{ab} = \Delta E_{ab}/\Delta t$ ergibt sich ΔE_{ab} zu
$\Delta E_{ab} = P_{ab} \cdot \Delta t = 750\ \text{MW} \cdot 1\ \text{h} = 750\,000\ \text{kW} \cdot 1\ \text{h}$
$= 750\,000\ \text{kWh} = 2{,}7 \cdot 10^{12}\ \text{J} = 2700\ \text{GJ}$
oder
$\Delta E_{ab} = P_{ab} \cdot \Delta t = 750\ \text{MW} \cdot 1\ \text{h} = 750 \cdot 10^{6}\ \text{W} \cdot 3600\ \text{s}$
$= 2{,}7 \cdot 10^{12}\ \text{J} = 2700\ \text{GJ}$.

d) Berechnung des Wirkungsgrads:

$$\eta = \frac{\Delta E_{ab}}{\Delta E_{zu}} = \frac{2700\ \text{GJ}}{7200\ \text{GJ}} = 0{,}38 = 38\%.$$

Material B – Energieeffizienz durch Blockheizkraftwerke

B1 Ein BHKW benötigt weniger Energie als bei der getrennten Bereitstellung von elektrischer Energie durch ein Kraftwerk und von thermischer Energie durch eine Heizung. Erkläre.
Die Abwärme, die in einem Kraftwerk entsteht, wird in der Regel an die Umgebung abgegeben, z. B. über den Kühlturm. Im BHKW entsteht ebenfalls Abwärme. Diese Abwärme wird aber genutzt, z. B. zum Heizen und zur Warmwasserbereitung. Folglich benötigt man hierfür nicht noch einmal Energie.

B2 Von der eingesetzten Energie gibt das BHKW ca. 32% als elektrische Energie und ca. 58% als thermische Energie ab. Der Rest wird an die Umgebung abgegeben.
a) Gib den insgesamt genutzten Anteil der eingesetzten Energie an.
b) Berechne die jährlich eingesetzte Energie in kWh und in MJ.
c) Ein Kubikmeter Erdgas enthält ca. 35 MJ Energie. Berechne die jährlich benötigte Erdgasmenge.

a) Insgesamt genutzter Anteil η:
$\eta_{ges} = 32\% + 58\% = 90\%$.

b) Berechnung der insgesamt abgegebenen Energie:
$\Delta E_{ab} = 310\,000\ \text{kWh} + 560\,000\ \text{kWh} = 870\,000\ \text{kWh}$.
Die insgesamt zugeführte Energie ΔE_{zu} ergibt sich aus:
$\eta = \Delta E_{ab}/\Delta E_{zu}$, also zu
$\Delta E_{zu} = \Delta E_{ab}/\eta = 870\,000\ \text{kWh}/0{,}90 = 970\,000\ \text{kWh}$
$= 3{,}5 \cdot 10^{12}\ \text{J} = 3\,500\,000\ \text{MJ}$.

c) Berechnung der benötigten Erdgasmenge:
$3\,500\,000\ \text{MJ} : 35\ \text{MJ/m}^3 = 100\,000\ \text{m}^3$.
Es werden jährlich 100 000 m^3 Erdgas benötigt.

B3 Die Betreiber des BHKW in Reutlingen geben eine jährliche CO_2-Einsparung von 120 t an. Überprüfe diese Angabe durch eine Überschlagsrechnung.
Hinweis: **Bei der Verbrennung von einem Kubikmeter Erdgas entstehen ca. 2 kg CO_2.**
2012 wurden deutschlandweit pro kWh elektrischer Energie durchschnittlich ca. 0,6 kg CO_2 an die Atmosphäre abgegeben.

Berechnung des jährlichen CO_2-Ausstoßes des BHKW:
$100\,000\ \text{m}^3 \cdot 2\ \text{kg/m}^3 = 200\,000\ \text{kg} = 200\ \text{t}$.
Vergleichsrechnung für die getrennte Bereitstellung von elektrischer und thermischer Energie:
Jährlicher CO_2-Ausstoß für 310 000 kWh elektrischer Energie im Durchschnitt:
$310\,000\ \text{kWh} \cdot 0{,}6\ \text{kg/kWh} = 186\,000\ \text{kg} = 186\ \text{t}$.
Berechnung des jährlichen Bedarfs an Erdgas für 560 000 kWh thermischer Energie:

$$\frac{560\,000\ \text{kWh}}{35\ \frac{\text{MJ}}{\text{m}^3}} = \frac{2\,020\,000\ \text{MJ}}{35\ \frac{\text{MJ}}{\text{m}^3}} = 58\,000\ \text{m}^3.$$

Berechnung des jährlichen CO_2-Ausstoßes für 58 000 m^3 Erdgas:
$58\,000\ \text{m}^3 \cdot 2\ \text{kg/m}^3 = 116\,000\ \text{kg} = 116\ \text{t}$.
Der gesamte jährliche CO_2-Ausstoß für die getrennte Bereitstellung von elektrischer und thermischer Energie beträgt demnach:
186 t + 116 t = 302 t.
Das entspricht einer Einsparung von 102 t CO_2 durch das BHKW. Die Betreiber haben 120 t Einsparung angegeben.
Bewertung der Abweichung: Die Größenordnung der Einsparung stimmt mit den Angaben überein.
Mögliche Gründe für die Abweichung: Der durchschnittliche CO_2-Ausstoß pro kWh elektrischer Energie nimmt wegen der Zunahme an regenerativen Energien von Jahr zu Jahr ab. Die Betreiber haben möglicherweise mit einem älteren Wert gerechnet. Außerdem haben wir für die Bereitstellung der thermischen Energie mit einem Wirkungsgrad von 100% gerechnet. Tatsächlich aber entweicht ein Teil der Energie über den Schornstein.

B4 a) Informiere dich über die Art der elektrischen und thermischen Energieversorgung deiner Schule. Erörtere den Einsatz eines BHKW.
b) Recherchiere, wo in deiner Nähe ein BHKW ist. Erstelle eine Übersicht mit den wichtigen Daten.

a) Thermische Energieversorgung: z. B. durch Gasheizung, Ölheizung, Solarthermie, Fernwärme, ...
Elektrische Energieversorgung: z. B. durch öffentliches Stromnetz, BHKW, Fotovoltaik, ...
Der Einsatz eines BHKW lohnt sich insbesondere, wenn der Bedarf an thermischer Energie groß ist, etwa weil das Gebäude schlecht gedämmt ist und wenn die zu ersetzende Heizung alt und ineffizient ist. Er lohnt sich nicht, wenn das Gebäude sehr gut gedämmt ist oder wenn die Energieversorgung ganz oder zu einem großen Teil auf regenerativen Energien beruht.

b) Wichtige Daten sind: elektrische Leistung, jährliche Abgabe an elektrischer und thermischer Energie, Art des Brennstoffs, Anzahl und Art der zu versorgenden Gebäude, ...

Material C – Nutzung der Windenergie

C1 a) Berechne die Leistung der Windkraftanlage für eine Windgeschwindigkeit von 6 m/s und von 8 m/s. Erkläre den großen Unterschied.
b) Berechne die Nennwindgeschwindigkeit der Windkraftanlage.

a) Gegeben: Wirkungsgrad $\eta = 0{,}50$, Radius $r = 50$ m, Windgeschwindigkeiten $v_1 = 6$ m/s bzw. $v_2 = 8$ m/s, Dichte der Luft $\rho = 1{,}3$ kg/m³
Gesucht: Leistung P_1 bei v_1, P_2 bei v_2
Berechnung der Querschnittsfläche A:
$A = \pi \cdot r^2 = \pi \cdot (50\text{ m})^2 = 7850\text{ m}^2$.
Berechnung der Leistung:

$$P_1 = \eta \cdot 0{,}5 \cdot \rho \cdot A \cdot v_1^3 = 0{,}5 \cdot 0{,}5 \cdot 1{,}3\text{ kg/m}^3 \cdot 7850\text{ m}^2 \cdot (6\text{ m/s})^3 = 550\,000\text{ W} = 0{,}55\text{ MW}.$$

$$P_2 = \eta \cdot 0{,}5 \cdot \rho \cdot A \cdot v_2^3 = 0{,}5 \cdot 0{,}5 \cdot 1{,}3\text{ kg/m}^3 \cdot 7850\text{ m}^2 \cdot (8\text{ m/s})^3 = 1\,300\,000\text{ W} = 1{,}3\text{ MW}.$$

Der große Unterschied erklärt sich dadurch, dass die Geschwindigkeit in der dritten Potenz in die Leistung eingeht. Eine Erhöhung der Geschwindigkeit um den Faktor 8/6 führt zu einer Vergrößerung der Leistung um den Faktor $(8/6)^3 \approx 2{,}4$.

b) Gegeben: Nennleistung $P_{Nenn} = 3{,}0$ MW, Wirkungsgrad $\eta = 0{,}50$, Dichte der Luft $\rho = 1{,}3$ kg/m³, Querschnittsfläche $A = 7850$ m²
Gesucht: Nennwindgeschwindigkeit v_{Nenn}
$P_{Nenn} = \eta \cdot 0{,}5 \cdot \rho \cdot A \cdot v_{Nenn}^3$
Nach v_{Nenn} aufgelöst ergibt sich:

$$v_{Nenn} = \sqrt[3]{\frac{2 \cdot P_{Nenn}}{\eta \cdot \rho \cdot A}} = \sqrt[3]{\frac{2 \cdot 3\,000\,000\text{ W}}{0{,}5 \cdot 1{,}3\,\frac{\text{kg}}{\text{m}^2} \cdot 7850\text{ m}^2}} = 10{,}6\,\frac{\text{m}}{\text{s}}.$$

Die Nennwindgeschwindigkeit beträgt etwa 11 m/s.

C2 Gib mögliche Gründe an, warum die Türme von Windkraftanlagen möglichst hoch sind.
Über dem Boden wird der Wind durch Bäume, Gebäude und Geländeunebenheiten gebremst. Mit zunehmender Höhe lässt dieser Effekt nach. Deswegen nimmt die Windgeschwindigkeit nach oben zu. Außerdem weht der Wind in größerer Höhe gleichmäßiger.

C3 Sammle Vorteile und Nachteile von Off-shore-Anlagen gegenüber Anlagen im Binnenland.
Vorteile: Über dem Meer ist die Windgeschwindigkeit größer als über dem Land, der Wind ist gleichmäßiger und es herrscht seltener Windstille.
Nachteile: Die Arbeiten auf dem Meer sind aufwändig und teuer, die Befestigung im Meeresboden ist schwierig und es müssen Leitungen durch das Meer bis zur Küste gelegt werden.

C4 Gib an, welcher Zusammenhang im ▹Diagramm 04 dargestellt ist. Beschreibe den Verlauf. Erkläre.
Zusammenhang: Das Diagramm zeigt wie die Leistung einer Windkraftanlage in Prozent ihrer Nennleistung von der Windgeschwindigkeit abhängt.
Beschreibung: Unterhalb einer Windgeschwindigkeit von 5 m/s bringt die Anlage keine Leistung, zwischen 5 m/s und ca. 13 m/s steigt die Leistung steil auf 100% an und bleibt bis 25 m/s bei 100%, dann geht die Leistung schlagartig auf null zurück.
Erklärung: Unterhalb von 5 m/s ist die Windgeschwindigkeit zu gering, um die Anlage zu betreiben, d. h. es würde sich nicht lohnen oder der Rotor würde sich erst gar nicht drehen. Zwischen 5 m/s und ca. 13 m/s steigt die Leistung wegen der v^3-Abhängigkeit steil an. Bei der Nennwindstärke von ca. 13 m/s ist die Nennleistung erreicht, die Leistung steigt trotz zunehmender Windgeschwindigkeit nicht weiter an, weil die Anlage nicht mehr Leistung abgeben kann. Ab 25 m/s ist der Wind so stark, dass die Anlage aus Sicherheitsgründen abgeschaltet werden muss.

Anhang – Projekte

Seite 203

1 Für eine feste Strecke *s* gilt: $v \sim 1/t$, der Graph im *t*-*v*-Diagramm ist eine Hyperbel.

t in s	*v* in m/s
1	10,00
2	5,00
3	3,33
4	2,50
5	2,00
8	1,25
10	1,00

a) Stelle die Werte in einem *t*-*v*-Diagramm dar.
b) Linearisiere die Messwerte.

a)

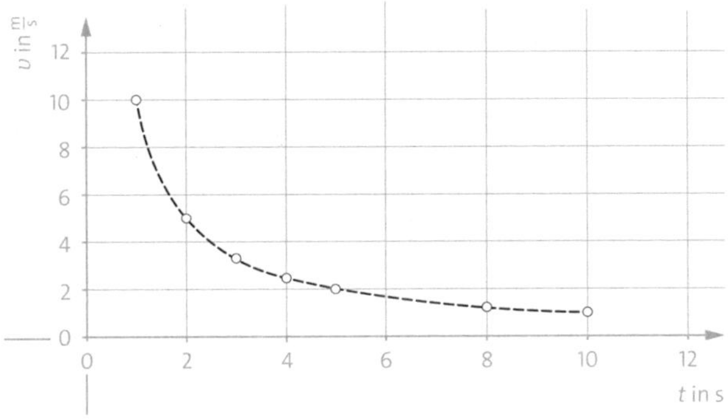

b)

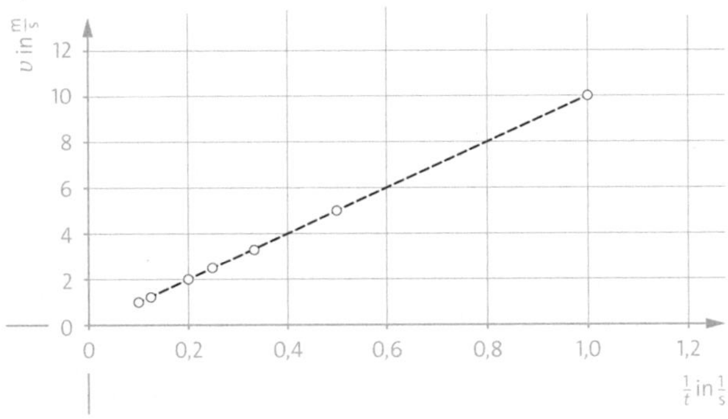

2 Für den Flächeninhalt eines Quadrates gilt: $A \sim a^2$. Fertige eine Tabelle für 6 Seitenlängen an und gehe dann analog zu Aufgabe 1 vor.
Wertetabelle:

Seitenlänge *a* in cm	Fläche *A* in cm²
1,0	1,0
1,5	2,25
2,0	4,0
2,5	6,25
3,0	9,0
3,5	12,25

a-*A*-Diagramm:

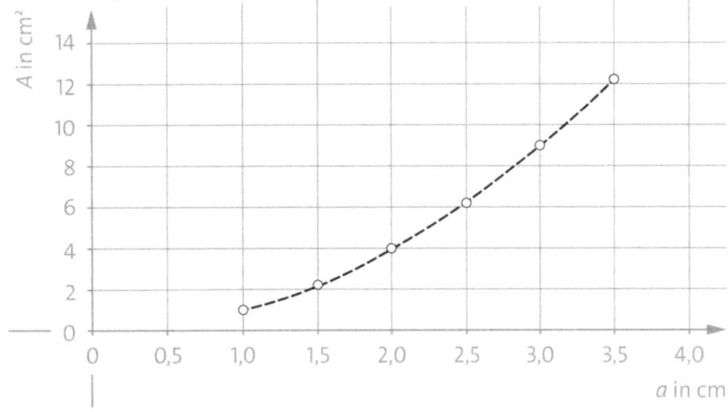

a^2-*A*-Diagramm:

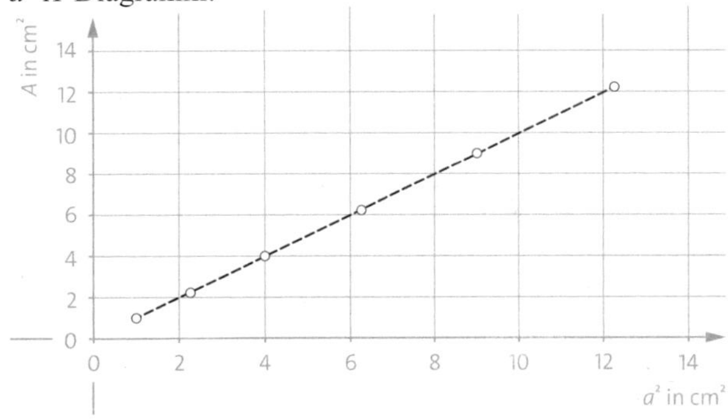

Seite 205

1 a) Erkläre die Funktion eines Gleichstrommotors.
b) Der Gleichstrommotor verfügt über einen Kommutator (Polwender). Erkläre, warum der hier beschriebene Motor ohne einen Polwender auskommt.

a) Er besteht aus einem fest aufgestellten Hufeisenmagneten (Stator) und einem drehbaren Elektromagneten der an- und ausgeschaltet werden kann (Rotor). Wenn man den Elektromagneten immer im richtigen Moment schaltet, dann gelingt es, den Rotor in eine ständige Drehbewegung zu versetzen. Ursache sind die magnetischen Kräfte, Anziehung und Abstoßung, zwischen Stator und Rotor. Um die Stromrichtung durch den Rotor immer im richtigen Moment umzuschalten, verwendet man einen Kommutator. Er besteht aus zwei metallischen Halbringen und zwei darauf schleifenden Kontakten. Nach jeder Halbdrehung ist der Stromkreis unterbrochen, folglich wirken keine Kräfte auf den Rotor, er befindet sich im sogenannten Totpunkt. Der Rotor hat jedoch genügend Schwung, um sich weiter zu drehen. In der sich anschließenden Position ist der Stromkreis in umgekehrter Richtung geschlossen. Dadurch sind beim Elektromagneten Nord- und Südpol vertauscht und der Rotor dreht sich weiter.

b) Beim „einfachsten Motor" wird auf einen Polwender verzichtet. An den Enden des Kupferlackdrahts wird jeweils nur eine Seite abisoliert. Der Strom kann nur während einer Halbdrehung fließen. Während der anderen Halbdrehung liegt der Draht auf der isolierten Hälfte auf. Der Rotor dreht sich hier aufgrund der Trägheit weiter.

2 Zum Wickeln der Spule hast du Kupferlackdraht verwendet. Erkläre, warum du nicht mit einfachem Kupferdraht die Spule wickeln konntest.
Ohne die isolierende Lackschicht gäbe es einen Kurzschluss zwischen den Windungen der Spule.

3 a) Einen Gleichstrommotor kannst du auch als Generator nutzen. Beschreibe, wie du den Aufbau des Motors verändern musst, damit du ihn als Generator nutzen kannst.
b) Vermute, was ein Spannungsmessgerät anzeigen würde. Begründe.
c) Beschreibe, welchen Einfluss die Windungszahl deiner Spule auf die Messung haben wird.
d) Beschreibe, welchen Einfluss die Geschwindigkeit, mit der du die Spule drehst, auf deine Messung haben wird.
a) Ein Ende der Spule wird verlängert und zu einer kleinen Kurbel gebogen. Dann werden die Batterien aus dem Batteriefach entnommen. An die Anschlüsse der Batterie oder die Ständer der Spule kann nun ein Lämpchen oder ein Spannungsmessgerät angeschlossen werden.
b) Ein Spannungsmessgerät würde eine pulsierende Gleichspannung – je nach Drehrichtung positiv oder negativ – anzeigen. Die Gleichspannung würde zwischen 0 V und einem Maximalwert entsprechend der Drehgeschwindigkeit schwanken. Wenn die Spule sehr schnell gedreht würde, dann würde der Zeiger – bedingt durch die Trägheit des Messgerätes – bei einem Spannungswert zwischen 0 V und dem Maximalwert verharren.
c) Je mehr Windungen die Spule hat, desto größer ist die induzierte Spannung.
d) Je schneller man dreht, desto größer ist die induzierte Spannung und desto schneller schlägt der Zeiger aus.

Seite 206

Hinweis: Ein Tipp zur Versuchsdurchführung: Damit die Kontaktpflaster gut leiten, sollten die Schülerinnen und Schüler an dem Tag frisch geduscht sein.

Seite 209

Zu 6 Begründe mit dem Teilchenmodell, dass ein Gas keinen negativen Druck haben kann. Begründe daraus, dass die entdeckte Temperatur die tiefste mögliche Temperatur sein muss.
Der Druck eines eingeschlossenen Gases auf eine Gefäßwand entsteht, indem die Teilchen gegen die Gefäßwand prallen. Dabei kommt es zu einer nach außen gerichteten Kraft auf die Gefäßwand. Der Quotient aus Kraft und Fläche gibt den Betrag des Druckes an. Da diese Kraft stets nach außen gerichtet ist, ist der Gasdruck nie negativ.
Der Druck nimmt mit sinkender Temperatur linear ab. Da der Gasdruck nicht negativ wird, kann die Temperatur nicht unter diejenige Temperatur sinken, bei der der Druck null wird. Denn sonst würde der Druck negativ.

Zu 7 Erkläre, warum eine Messung über einen größeren Temperaturbereich zu einer genaueren Bestimmung der Geradengleichung führen kann.
Die Messgenauigkeit veranschaulicht ein Zahlenbeispiel mit zwei genauen Gasdruck-Messwerten: Bei einem Gasdruck von 1000 hPa beträgt die Temperatur 0 °C und bei 1100 hPa beträgt sie 27,3 °C; folglich beträgt der absolute Temperaturnullpunkt –273 °C. Denn je 100 hPa sinkt die Temperatur um 27,3 K.
Wenn durch eine Messungenauigkeit die obere Temperatur um 1 °C zu niedrig gemessen wird, dann folgt ein gemessener Temperaturnullpunkt von –263 °C. Denn je 100 hPa sinkt die Temperatur hier um 26,3 K.
Bei einer Messung über einen größeren Temperaturbereich könnte das Zahlenbeispiel wie folgt aussehen: Bei einem Gasdruck von 1000 hPa beträgt die Temperatur 0 °C und bei 1200 hPa beträgt sie 54,6 °C; folglich beträgt der absolute Temperaturnullpunkt –273 °C. Denn je 200 hPa sinkt die Temperatur um 54,6 K.
Wenn durch eine Messungenauigkeit die obere Temperatur wieder um 1 °C zu niedrig gemessen wird, dann folgt ein gemessener Temperaturnullpunkt von –268° C. Denn je 200 hPa sinkt die Temperatur hier um 53,6 K.
Ein größerer Temperaturbereich führt also zu einem kleineren Messfehler beim Temperaturnullpunkt, selbst wenn die Temperaturmessfehler gleich sind. Die Ursache ist, dass bei einem großen Temperaturbereich ein Temperaturmessfehler nur zu einer relativ kleinen Änderung der Ausgleichsgerade führt.

Zu 8 Bestimme in den verschiedenen Stockwerken des Schulgebäudes den Gasdruck p der Luft, den sogenannten Luftdruck, und die Höhe h. Stelle die Ergebnisse grafisch dar und bestimme die Geradengleichung.
Ein typisches Ergebnis ist:

h in m	p in hPa
0	1013
3	1012,6
6	1012,1
9	1011,8
12	1011,4
15	1011,1

Die Geradengleichung dazu ist:
$p = 1012\ \text{hPa} - 0{,}128\ \text{hPa/m} \cdot h$.

Zu 9 Dann ist es sinnvoll die Höhe zu bestimmen, bei der der Druck null ist. Löse hierzu die Geradengleichung nach der Höhe *h* auf.

Wir setzen $p = 0$ und lösen die Gleichung nach h auf:

$0 = 1012\ \text{hPa} - 0{,}128\ \text{hPa/m} \cdot h \quad |+ 0{,}128\ \text{hPa/m} \cdot h$

$0{,}128\ \text{hPa/m} \cdot h = 1012\ \text{hPa} \quad |: 0{,}128\ \text{hPa/m}$

$$h = \frac{1012\ \text{hPa}}{0{,}128\ \frac{\text{hPa}}{\text{m}}} = 7906\ \text{m}$$

Zu 10 Wir wissen bereits, dass der Gasdruck nicht negativ wird. Begründe damit, dass die oben bestimmte Höhe die ungefähre Höhe der Atmosphäre darstellt.

Die Messung im Schulgebäude zeigte, dass der Luftdruck zunächst linear mit der Höhe abnimmt. Ausgehend von dieser Regel kann die Atmosphäre nur so hoch sein, wie ein positiver Druck vorliegt. Ausgehend von dieser linearen Regel müsste die Atmosphäre also 7906 m hoch sein.

Zu 11 Wenn du ein Höhe-Luftdruck-Diagramm für große Höhenunterschiede erstellst, dann ist es nur grob linear. Denn es gilt die barometrische Höhenformel:

$$p(h) = p_0 \cdot \left(\frac{1}{2}\right)^{\frac{h}{5500\ \text{m}}} \quad \text{mit } p_0 = 1013\ \text{hPa}.$$

Berechne hiermit deine Druckmesswerte.

Die berechneten Druckmesswerte sind:

h in m	*p* in hPa
0	1013,0
3	1012,6
6	1012,2
9	1011,9
12	1011,5
15	1011,1

Seite 211

1 Bestimme aus den Diagrammen im ▹Bild 05 die Geschwindigkeiten und die Beschleunigungen der Kugel in der Mitte und am Ende der Schräge.

Am Ende der Schräge – letzter Messpunkt – hat die Kugel eine Strecke von 1,94 m zurückgelegt. Die Mitte der Schräge ist also nach 0,97 m erreicht. Dies entspricht etwa dem 17. Messpunkt. Im *t*-*v*-Diagramm beträgt die Geschwindigkeit für den 17. Messpunkt etwa 3,2 m/s.

Am Ende der Schräge – letzter Messpunkt – beträgt die Geschwindigkeit 4,4 m/s.

Im *t*-*v*-Diagramm liegen die Messpunkte auf einer Geraden. Das bedeutet, die Beschleunigung ist konstant. Die Steigung der Geraden gibt den Wert der Beschleunigung an:

$$a = \frac{\Delta v}{\Delta t} = \frac{3\ \frac{\text{m}}{\text{s}} - 0\ \frac{\text{m}}{\text{s}}}{0{,}6\ \text{s} - 0\ \text{s}} = \frac{3\ \frac{\text{m}}{\text{s}}}{0{,}6\ \text{s}} = 5\ \frac{\text{m}}{\text{s}^2}.$$

2 Klaus war in den letzten beiden Wochen krank und hat die Einführung in die Videoanalyse verpasst. Schreibe für das Videoanalyseprogramm, mit dem du arbeitest, eine kurze Anleitung für Klaus.

Aufgrund der Vielzahl möglicher Videoanalyseprogramme und den ständigen Neuerungen verfügbarer Software kann hier nur exemplarisch eine Lösungsvariante vorgestellt werden:

1. Nimm die zu analysierende Bewegung auf. Achte dabei darauf, dass du während der Aufnahme nicht zoomst, die Kamera nicht bewegst und dass die Bewegung senkrecht zur Aufnahme abläuft. Bringe einen Maßstab, z. B. ein Lineal, parallel zur Bewegungsrichtung mit in das Video.
2. Öffne das Programm ...
3. Z. B.: Klicke den Button ... und lade das Video.
4. Kalibriere das Video über den Button ...
5. Lege die Framerate fest. Diese kannst du z. B. im Explorer oder an der Kamera ablesen.
6. Starte die manuelle Auswertung ...
7. Beende die manuelle Auswertung ...
8. Die Daten stehen dir jetzt im Videoanalyseprogramm ... und/oder in einem Tabellenkalkulationsprogramm zur Weiterverarbeitung zur Verfügung.

3 Eine Gewehrkugel verlässt den Lauf mit einer Geschwindigkeit von 500 m/s. Bestimme die Framerate, die eine Hochgeschwindigkeitskamera mindestens liefern muss, um die Darstellung vom ▹Bild 01 zu untersuchen und begründe deine Entscheidung.

Die Kamera sollte mindestens den Zeitpunkt des Eintritts der Kugel in den Apfel und den Zeitpunkt des Austritts aus dem Apfel auflösen können. Wenn der Apfel einen Durchmesser von etwa 7 cm hat, dann liegt zwischen Ein- und Austritt der Kugel eine Zeitspanne von

$$\Delta t = \frac{0{,}07\ \text{m}}{500\ \frac{\text{m}}{\text{s}}} = 0{,}00014\ \text{s}.$$

Das heißt, die Framerate muss größer als 7143 fps sein. Um die Geschwindigkeit der Gewehrkugel bestimmen zu können, muss die Kugel mindestens zwei Mal auf dem Bild sichtbar sein. Da sich der Apfel in der Bildmitte befindet, reichen zwei und drei Bilder in dieser Zeit nicht aus. Es müssen also auf dieser Strecke mindesten vier Bilder aufgenommen werden. Das Foto zeigt etwa 20 cm der Flugbahn, wofür die Kugel 0,4 ms benötigt. Der Abstand zwischen zwei Aufnahmen ist also 0,1 ms. Das entspricht einer Framerate von mindestens 10 000 fps.

Universum Physik

Band 9/10 Gymnasium Niedersachsen G9 – Lösungen

Autoren:
Dr. Hans-Otto Carmesin, Stade; Jens Kahle, Cuxhaven;
Ulf Konrad, Verden; Inka Katharina Pröhl, Bremerhaven;
Torsten Trumme, Friesoythe

Teile dieses Werkes beruhen auf Arbeiten von:
Benedict Bogenberger; Ruben Brand; Werner Hasler;
Prof. Dr. Lutz Kasper; Dr. Reiner Kienle; Dr. Josef Küblbeck;
Thorsten Mitschke; Carl-Julian Pardall; Prof. Bruno Rager;
Stefan Ronellenfitsch; Dr. Ursula Wienbruch; Lutz Witte

Beratung:
Lutz Witte, Wilhelmshaven

Redaktion:
Dr. Andreas Hagedorn

Grafik:
Franz Josef Domke, Hannover;
Atelier tigercolor Tom Menzel, Scharbeutz/Klingberg;
newVISION! GmbH Bernhard A. Peter, Pattensen

Layoutkonzept, Umschlaggestaltung:
SOFAROBOTNIK GbR, Augsburg & München

Layout und technische Umsetzung:
zweiband.media, Berlin

www.cornelsen.de

1. Auflage, 1. Druck 2016

Alle Drucke dieser Auflage sind inhaltlich unverändert und können im Unterricht nebeneinander verwendet werden.

Druck:
H. Heenemann, Berlin

ISBN 978-3-06-420092-0

PEFC
PEFC/04-31-1033

PEFC zertifiziert
Dieses Produkt stammt aus nachhaltig bewirtschafteten Wäldern und kontrollierten Quellen.

www.pefc.de